城镇燃气管道风险管理技术

王文想　主编

中国石化出版社

内 容 提 要

本书围绕燃气管道风险管理，分别从城镇燃气管道风险因素统计分析、管道管理单元识别、风险评价、风险管控、风险检测监测技术、应急管理、信息系统建设等方面论述了城镇燃气管道风险管理的特点和主要内容。结合燃气管道具体情况，深入探讨如何运用新技术解决实际工作中遇到的难题，确保燃气管道风险可控，为燃气管道安全稳定运行保驾护航。

本书可作为各级管道管理与技术人员研究与学习用书，也可作为油气管道管理、运行、维护人员的培训教材，还可以作为高等院校相关专业师生和广大石油科技工作者的参考书。

图书在版编目(CIP)数据

城镇燃气管道风险管理技术 / 王文想主编．—北京：中国石化出版社，2022.12
ISBN 978-7-5114-6928-1

Ⅰ.①城… Ⅱ.①王… Ⅲ.①城市燃气-输气管道-风险管理-研究 Ⅳ.①TU996.7

中国版本图书馆 CIP 数据核字(2022)第 214153 号

中国石化出版社出版发行

地址：北京市东城区安定门外大街 58 号
邮编：100011　电话：(010)57512500
发行部电话：(010)57512575
http://www.sinopec-press.com
E-mail：press@sinopec.com
北京柏力行彩印有限公司印刷
全国各地新华书店经销

*

787×1092 毫米 16 开本 11.5 印张 288 千字
2022 年 12 月第 1 版　2022 年 12 月第 1 次印刷
定价：68.00 元

《城镇燃气管道风险管理技术》编审委员会

主　　任：杨　光

副主任：陈继祖　王　晨　刘建辉　罗灿保　徐　彬
赵志武　罗冬林　尤英俊

主　　编：王文想

副主编：刘传庆　单　克　周吉祥　韩　非　巩忠领

编　　委：（以姓氏笔画为序）

马　成　马　荣　马　婷　王　丹　邓云泽
吕　达　刘双全　刘　洋　李立冬　李河山
杨文昭　杨　昊　邹牛洋　宋　妍　宋家才
张一帆　张　浩　张雪龙　张　斌　张儒科
陈　飞　林楚贤　明毅超　周　岚　周　波
周清泉　侯运波　宫园园　曹慧平　彭国正
彭　鹏　韩金珂　蔡文佳

前　言

燃气安全事关千家万户和民生大计，燃气管道敷设在地下，容易受到腐蚀和外界破坏，一旦发生燃气泄漏，可能造成重大人员伤亡和财产损失。燃气管道安全已经引起社会公众、政府和企业的高度关注。因此，保障燃气管道安全稳定运行成为燃气企业的首要任务。风险管理技术正是为降低燃气管道安全风险而引入的一种管理技术，经过多年的发展和实践，已获得行业广泛认可，并在国内外燃气行业取得显著的经济效益和社会效益。

《城镇燃气管道风险管理技术》结合实际工作中遇到的问题，充分吸收和运用管道风险管理技术发展的新成果，主要从燃气管道风险因素统计分析、管道管理单元识别、风险评价、风险管控、风险检测监测技术、应急管理、信息系统建设等方面介绍风险管理的内容和工作思路方法。

本书主要内容来源于深圳市燃气集团股份有限公司管道风险管理的实践和研究，内容丰富，实用性强，可供城镇燃气等相关企业的管理人员、技术人员、检测人员学习与参考使用。希望能为国内城镇燃气管道风险管理水平的提升尽微薄之力。

本书由王文想主编，刘传庆、单克、周吉祥、韩非、巩忠领为副主编。特别感谢中国石油大学(北京)董绍华教授作为本书顾问给予的大力支持和帮助。

由于编者水平有限，书中难免存在不足之处，恳请广大读者批评、指正。

目　　录

第1章　绪　论

1.1　管道风险管理概述

管道风险管理的内容主要包括风险评价、风险控制和风险决策。

1.1.1　风险评价

风险评价是指在风险识别和风险衡量的基础上，根据损失频率、损失程度及其他因素，分析风险的影响，并对风险的状况进行综合评价。风险评价需要有定量的结果作为铺垫，是对风险各方面的评价，对造成管道失效的因素进行分析和数据处理等相关操作，得出反映管道综合状况的结论即是对所研究管道的综合风险评价。在得到管道的综合风险评价结果之后就可以有针对性地采取不同的措施，从而降低事故发生的概率，避免某些事故尤其是重大事故的发生，保障社会秩序的正常进行。其中影响风险评价的因素众多，包括人为因素、机械设备因素、管理因素、环境因素等。

1.1.2　风险控制

风险控制是指在风险识别和风险衡量的基础上，针对存在的风险因素，积极采取控制措施，从而消除风险的影响或减小风险因素的危害。风险控制主要有风险避免、风险转移、风险自留、风险分散等方式。

(1) 风险避免　风险避免一般针对的是会造成非常严重损失的燃气管道潜在的风险因素，或者发生的可能性比较大且造成一定影响的风险，这类风险一般采取风险避免的方式，比如在燃气管道管理过程中，第三方破坏一般影响比较严重，而且损失很大，应该避免类似事故的发生。

(2) 风险转移　风险转移一般包括风险财产的转移和风险责任的转移。有些企业将风险转移给保险公司，这是风险财产的转移，一般燃气管道事故不仅涉及财产安全，更重要的是涉及人民的生命安全和影响到社会的正常秩序，此方式针对的研究对象适用范围比较小。

(3) 风险自留　风险自留又称风险承担，是指主体自己承担由风险事故所造成的损失，一般在这种情况下，当风险事故发生的时候并且造成一定后果后，主体都可以通过其他方法将损失弥补回来，城镇燃气管道事故风险控制中一般没有此种方式。

（4）风险分散　风险分散是指进行风险管理时，横向具有不同的层次结构，纵向也具有多样性的特点，从而有利于风险的分散。风险一般分为自然风险、社会政治风险、经济风险、技术风险和其他风险，其中其他风险针对燃气管道又主要可以分为设计风险、施工风险等。这些风险对管道起到一个综合的作用，管道泄漏或者破坏等事故的发生并不是其中一种风险导致的结果，因此，在进行风险管理时，必须将所有涉及的风险都考虑在内，应该把各个阶段的工作、工序和风险因素有机地结合起来进行综合考虑，分析各阶段潜在的风险因素，从而制定出相应的对策，这样才能达到风险管理的目的。

（5）风险降低　风险降低是指降低风险发生的概率和尽量降低损失。采用风险降低的控制方法对燃气管道管理是有利的，也是最常用的一种方法。

1.1.3　风险决策

风险决策是指根据风险管理的目标，对各种风险管理方法进行合理的选择与组合，制定出最佳的风险管理方案，是各种风险管理方法的优化组合与综合运用，从而达到以最小的人力、物力等获得最大的生命和财产安全的保障，是科学与艺术的结合。

风险决策的原则一般可以分为两类：以风险的最大潜在损失最小者为最佳方案和以风险的最小潜在损失最小者为最佳方案。风险决策除了一些客观因素制约之外，一些主观因素也会起到很大的影响，比如决策者个人的思想和所走的路线不同就会使结果截然不同甚至相反，燃气管道事故的风险因素关系重大，应该把国家和人民的生命财产安全放在首位，这样才不会因为决策者的原因而导致重大事故的发生。

1.2　管道风险管理现状

1.2.1　国外管道风险管理现状

国外对管道风险分析的研究已经有 30 多年的历史，经历了由定性风险分析向定量风险分析的转化以及由安全管理向风险管理的过渡，并取得了一定的研究成果，管道的风险评价研究正逐步走向规范化。欧美等工业发达国家在二战以后大量兴建的油气管道承担着国家油气输送的重任，与国家经济的发展息息相关，但是这些管道在 20 世纪 70 年代时期已经逐步进入了老龄阶段，所以各管道公司密切关注这些重要油气输送干线，采取一切措施尽可能使其事故发生率降到最低，最大限度地延长其使用寿命。为防止事故的发生，在总结以往经验的基础上，美国管道管理研究机构的 WKM 工程咨询公司首先开始尝试使用经济学及其他领域中的风险评价技术来对油气管道的风险性进行评估。经过20多年的研究与实践，逐步确定了油气管道风险评价的基本模型，并建立了适用于美国油气长输管线安全管理方面的管道风险评价指标体系。《风险调查指南》于1985年在美国Battelle Columbus研究院发表，并首次在管道的风险分析方面引入评分法。W. Kent Muhlbauer于1992年撰写了《管道风险管理手册》一书，总结了美国近20年来在油气管道风险评价技术工作上所取得的研究成果，详细介绍了管道风险评价的各种模型以及评价方法，书中内容在当时被世界各国普遍接受，同时该书也成为当时开发风险评价软件的唯一依据。1996年出版了该书的第二版，并首次系统地介绍了这一新的管道管理技术。实践证明，它对改善油气管道的运行管理水平、延长在役油气管道的使用寿命、减少管道事故所造成的经济损失和提高油气管道公司经济效益等方面都具有显著的实用效果。《管道风险管理手册》目前以指导油气管道风险评价研究工作而闻名全球。

20世纪90年代初，加拿大开始进行油气管道风险评价以及风险管理技术方面的研究工作。1993年，研究者们在加拿大召开的一次管道寿命专题研讨会上就若干研究课题展开讨论并达成了共识，会议包括管道风险评价准则以及管道数据库的开发、风险可接受性准则的建立、风险评价工具包的研究和风险评价教育的开展等内容。由加拿大能源管理协会和国家能源委员会等7个团体组成的能源管道风险评价指导委员会于1994年成立，该指导委员会负责实施加拿大的管道风险管理技术开发方案，并实现风险评价和风险管理技术在加拿大管道运输工业中的应用。

在管线的风险管理项目研究中，英国健康与安全委员会研制出用于计算管线失效风险的MISHAP软件包，该软件在实际应用中取得了较好的效果。英国煤气公司开发出一种可以评估当地公共风险和个体风险的代表着当时风险评估水平的软件包，称之为TRANSPIPE软件包，在输入运行数据后便可得到所要的结果。1984年，该公司运用该软件包进行了风险评估并将作出的评价报告提交给英国国家健康与安全部，有效地解决了英国国家健康与安全部所定标准与英国工程学会制定的DT/I标准之间的条款冲突。目前，该软件包已在更新数据模式及扩大计算范围方面得到进一步的完善。

1997~2000年，世界煤联(IGU)输气委员会、配气委员会以及健康、安全与环境(HSE)委员会针对燃气管道系统安排众多会员进行了风险评价研究，并在2000年法国Nice举行的第21届世界煤联大会上提出了燃气管道系统的风险因素识别、风险评价、风险的控制方法等，并作了一些结论性的报告。在2003~2006年的三年计划中，IGU输气委员会和配气委员会分别成立了“事故数据库风险评价”和“燃气配气管道完整性管理”研究小组。此外，IGU经常会在各国举行的专题会议中，进行管道系统风险管理方面的汇报。

1.2.2 国内管道风险管理现状

我国有关油气管道风险评价的研究工作起步较晚。我国著名油气储运专家潘家华教授于1995年开始注意到国外关于管线风险技术的发展，并逐步介绍到国内，并将美国管道风险管理专家W. Kent Muhlbauer撰写的《管道风险管理手册》中所记录的方法(国内称之为肯特打分法)在《油气储运》杂志上作了介绍。此后，部分油气田企业开始重视风险分析在管线风险性评价中的应用研究。四川石油管理局编译并出版了以肯特打分法为主的《管道风险管理》一书，针对我国川渝地区天然气管线的实际情况，该书提出了管道风险检测及风险评价的整改程序。天津大学自1994年对风险分析技术进行研究以来，先后进行了“淮河跨越大桥旳安全寿命与风险分析”以及“原油长输管线风险评价方法研究”等来自中国石油天然气股份有限公司的项目。1994年，西南石油大学初步引用了风险技术对鲁宁线“邹县—滕县—贾汪”的三站两段进行了安全评价以及剩余寿命的评估，之后于2000年与中国石油西南油气田分公司联合研制开发了基于国际通用的评分指标体系法的“输气管线风险评价软件”。郭章林的《油气管道系统安全风险分析方法研究》(天津大学博士论文)针对油气长输管道的可靠性及其安全风险分析方法进行了研究，讨论的方法主要有剩余寿命分析法、专家评分法和风险概率分析法。哈尔滨工业大学段常贵教授与其硕士研究生王恒建立了管网工作能力数学模型，引入了可靠性理论和常用的风险评价方法——故障树分析法，采用概率统计的方法研究了燃气管网系统的可靠性。西南石油大学陈利琼博士在其2004年的博士论文《在役油气长输管道定量风险技术研究》中首次提出了管道风险评价中的定量分析的方法，初步形成了一套进行油气长输管道风险定量评价的理论和方法。

我国的油气管道风险分析与风险评价技术正在飞速发展，逐步缩小了与国外先进科学技术的差距，但是由于我国管线的特点，尚不能把国外成熟的管道风险评价技术直接应用于我国管道的风险评价中，而应该根据我国管道的自身特点，有针对性地对相关的风险评价理论和方法进行研究，这样才能真正使管道的风险评估具有预见性、系统性和精确性。

关于燃气管道安全可靠性方面的研究，1997年宋东昱、严大凡等对天气管道可靠性特征量(Reliability Characteristic)进行了统计分析。随后西南石油大学的汪涛、张鹏等对城市天然气管网运行的可靠性进行了分析，提出了城市燃气管网可靠性评价(Reliability Evaluation)的内容，利用概率论的方法着重讨论了初期和中期管网的可靠性。2004年，王智平等对埋地管道受到腐蚀的可靠度(Reliability)进行了分析与计算，提出了一种土壤环境下钢质管道可靠度的预测方法。

燃气企业也开始注意城市燃气管网风险管理问题，根据当时的建设部“十五”科技发展规划要求，深圳市燃气集团公司于2001年初在国内率先开展“城市燃气管道安全状况评估”课题研究，该项目被列入国家建设部科研计划。此课题在研究过程中借鉴了国内外先进的评估理论，尤其是应用数学的最新进展，建立了数学评估模型。在聚类和主成分分析的基础上，分别建立了神经网络（Neural Network）和线性综合评价（Linear Synthetical Evaluation）数学模型，综合评价模型又分别进行了包含模块与不含模块的遗传算法（Genetic Algorithm）比较。

由于我国燃气管道在设备和管理水平上与国外相比还存在着一定的差距，所以我国的燃气管道风险评估将面临以下几方面的问题：

（1）获取真实可靠的原始数据　我国燃气管道在投入使用后的运行情况全部依靠人工记录，在一些服役期较长的管线系统中，很难将管线的历史运营数据整理齐全。此外由于缺少行业内标准化、规范化的运营数据管理方法，对管道运营的历史资料必须耗费大量人力将其分门别类地进行归纳和总结。这些客观实际情况，削弱了燃气管道原始数据的真实性和可靠性，增加了收集原始数据的难度。另一方面，由于我国的智能清管技术不发达，致使许多管道不具备使用智能清管器的通行条件，因此要掌握燃气管道系统中存在的缺陷其难度很大。

（2）辨识我国特有的风险因素　在我国目前的燃气管道管理和运行体制下，具有很多中国特有的管理、操作、运行、维护的措施和规范，这些措施和规范对于燃气管道发生失效的抑制作用与国外的措施相比是不一样的。此外，估计事故造成的后果是管道风险评估中的重要环节，必须考虑我国的实际情况，例如对人身伤亡损失和环境污染损失的计算，必须通过专家和经营者对包括社会、政治、经济等多方面因素进行综合分析后才能最终评定。

（3）建立定量风险评估的概率模型　使用定量风险评估方法首先需要将各类影响因素处理成随机过程或随机变量，如何构造概率模型以描述燃气管道的载荷和结构的完整性便成了关键问题。国外的风险评估应用实践表明，在评估过程中考虑更多的影响因素将得到更为准确的评估结果。燃气管道的风险构成是一个包含了众多因素和复杂内在关系的体系，这些因素之间的内在关系是客观存在的，并具有一定的模糊性，难以使用确切的计算公式进行表达。但评分体系法中的一条前提性的基本假设即是认为各个影响因素之间相互独立，显然，这是该风险评估体系目前尚存在的一个缺陷。承认各类影响因素的模糊性，把影响燃气管道风险构成的模糊因素纳入管道风险评价体系之中，可以更为准确地描述客观事实，提高管道风险评估结果的准确性。

1.3　城镇燃气管道特点

1.3.1　城镇燃气管道与长输管道的区别

城镇燃气管道是市政公用事业的重要组成部分，是现代城镇的重要基础设施，与经济社会发展和人民生活息息相关。然而，燃气易燃易爆的特性决定了燃气管道是不容忽视的危险源，随着城市燃气管网的大量敷设和运行时间的延长，可能会导致燃气管道破损泄漏引发事故，加之城市燃气管道往往位于经济发达、人口稠密的城市，一旦发生事故，极易造成严重的人员伤亡、财产损失以及供气中断等一系列影响城市生产、生活及社会稳定的连锁反应，社会影响极为恶劣。

城镇燃气管道与长输管道既有相似之处又存在较多差异(见表1-1)，其差异主要体现在：城镇燃气管道运行压力低、管径小、支线繁多、第三方破坏严重、杂散电流干扰普遍存在、周边人口稠密、建筑物密集、水平净距不足地段较多，服务中断影响较大，沿线经过的区域多属于高后果区、高风险区的双高地带。目前比较成熟的长输管道风险管理技术对于城镇燃气管道的适用性存在一定的问题，本书借鉴长输管道安全风险管理的经验，突出城镇燃气管道的特点，提出具有城镇燃气管道特色的风险管理技术方法，为经济合理地保障城镇燃气管道安全运行提供技术支持。

表1-1　城镇燃气管道与长输管道不同点

不同点类别	城镇燃气管道	长输管道
具体结构	大部分为支状和网状管道，遍布三通、凝水缸等管件和调压柜、调压箱等；管道变径普遍存在；末端与各个用户相连	一般为单管，鲜有支管、阀门、变径管等；末端与城市门站相连
建设过程	并非一次性建成，随城市的发展不断拓展和完善，建设过程复杂、质量参差不齐	一般为一次性同期建成；勘探设计、施工监理和验收的程序较为完备；管线质量较为一致且缺陷较少
周围环境	管道位于人口稠密的城市中，周围建筑繁多，环境状况复杂	管道位于旷野，周围环境状况比较简单一致，变化为平滑过渡
杂散电流	普遍存在	几乎不存在
事故后果	管网系统损坏、燃气泄漏、人员伤亡、周围建筑损坏、财产损失、影响正常交通等	管道损坏、燃气泄漏
管材	钢管、铸铁管、球墨铸铁管、PE管等，多种管材并存	管材单一，钢管
失效原因	腐蚀和第三方破坏是影响金属管道失效的主要原因；PE管道的主要失效原因是第三方破坏	腐蚀、第三方破坏、设计、误操作、蓄意破坏、自然与地质灾害、挖掘损伤
腐蚀	金属管道主要考虑土壤腐蚀；PE管不需要考虑腐蚀因素	土壤腐蚀、大气腐蚀和内腐蚀
防腐形式	大部分无阴极保护，主要依赖于防腐层的质量，若采取阴极保护则采用牺牲阳极阴极保护形式	采用外加电流阴极保护和防腐层保护两种防腐方式
压力	<4.0MPa，存在不同压力等级	>4.0MPa，压力等级相同
运行工况	工况不均匀，随小时和季节的变化显著，需要采取储气调峰措施	工况比较均匀
管理维护	管理模式为被动的事后响应型；检测及管道修复技术和手段不完善	管理体系完善，利用智能清管器实时在线检测，管理模式为事前预防型
风险缓解	主要依赖于用户、施工单位的安全意识	主要依赖于公司管理措施

1.3.2 城镇燃气管道事故特点

城镇燃气管道事故具有如下特点：

(1) 后果严重性　由于燃气的易燃易爆性，燃气事故多导致燃烧、爆炸。城镇燃气管道多处于人口稠密区，因此事故往往造成较多的人员伤亡和财产损失。例如1995年4月，韩国大邱市发生特大煤气爆炸事故，地铁、路面被掀翻7000m^2，房屋损毁119栋，车辆损坏103辆，人员死伤208人，其中死亡101人，损失共计600亿韩元。

(2) 社会性　燃气事故造成大量的毒物泄漏，这些泄漏的毒物会污染空气、水源，甚至影响到事故以外的区域或造成事故灾难。例如2010年9月，美国旧金山附近的圣布鲁诺镇发生地下天然气管道爆炸，造成7人死亡，52人受伤，6人失踪，几十栋房屋被焚毁，上百间民宅被波及，过火面积超过4万m^2。

(3) 突发性　由于燃气的易燃易爆性，当满足燃气的火灾爆炸条件时，其事故的发生都较为突然，当事故发生时人们往往措手不及。

(4) 事故善后的复杂性　燃气事故发生火灾、爆炸及中毒时，往往还伴随着机械伤害、腐蚀伤害、高温灼伤等，给救治伤员工作带来了很大的困难。因事故引起的停工停产、环境污染以及现场补救、善后处理费用等各项损失也非常大。

第 2 章　城镇燃气管道风险因素统计分析

在油气管道的风险评价过程中，管道失效历史数据的收集是非常重要的，对收集到的管道历史数据进行统计与分析，是对管道风险因素进行合理分类的前提，也是评价管道失效可能性并量化管道风险的依据。

近几十年来全球油气管道发展迅速，管道事故屡见不鲜，特别是一些重大的油气泄漏、火灾爆炸等恶性事故对人身安全、自然环境造成巨大危害。世界各国对管道事故管理和安全运行的要求也越来越高，许多国家和组织建立了管道事故管理机制。欧洲、北美等发达国家很早就开始收集存储管道失效数据，并建成管道失效数据库(Pipeline Incident Database，PID)，如美国政府运输部(Department of Transportation，DOT)下属管道及危险物品安全管理局(Pipeline and Hazardous Materials Safety Administration，PHMSA)管道失效数据库，加拿大国家能源局(National Energy Board，NEB)管道失效数据库，加拿大能源管道协会(Canadian Energy Pipeline Association，CEPA)管道失效数据库，欧洲输气管道事故组织(European Gas Pipeline Incident Data Group，EGIG)天然气管道失效数据库，欧洲清洁和水保护组织(Conservation of Clean Air and Water in Europ，CONCAWE)输油管道失效数据库，英国陆上管道运营商协会(The United Kingdom Onshore Pipeline Operators' Association，UKOPA)管道失效数据库。国内在管道历史失效数据的收集方面尚处于起步阶段，在整个行业范围内，缺少覆盖面广、功能齐全、来源可靠的管道失效数据库。由于缺乏法律的强制要求及配套的奖惩政策和保密措施，全国范围内的管道事故统一上报机制还未成型。各个管道企业内部对管道失效以及事故资料的管理方法不一致，已有的数据信息不同程度地存在不统一和不开放的问题。在国内，如何实现管道失效数据资源的有效整合、统一管理、共建共享，是现阶段亟待解决的关键问题。

2.1　美国 PHMSA 数据库风险因素统计分析

美国是目前世界上管道系统最完善的国家，包括危险液体输送管道、输气管道、集输管道、配气管道和 LNG 管道。根据美国政府运输部(DOT)下属的管道和危险化学品管理局(PHMSA)的统计数据，截至 2015 年底，美国管道总里程为 432.58×10^4km，其中，危险液体管道为 32.17×10^4km，约占 7.44%，输气管道为 48.57×10^4km，约占 11.23%，集气管道为 2.82×10^4km，约占 0.65%，配气管道(以城市燃气管道为主)

为 349.04×10^4km，约占 80.68%，如图 2-1 所示。

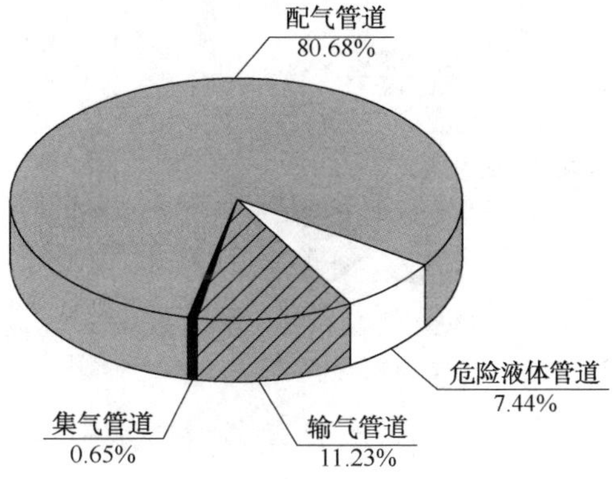

图 2-1 美国的油气管道组成

1986~2015 年美国管道发生的失效或故障事件如图 2-2 所示，2000 年以后管道失效或故障事件明显增多，但其中严重事故和重大事故的数量基本上变化不大。PHMSA 将管道事故分为严重事故和重大事故。导致人员死亡或受伤入院的管道事故称为严重事故。重大管道事故定义为：①致死或受伤入院；②损失超过 5 万美元；③高挥发性液体泄漏 5 桶以上或其他液体泄漏 50 桶以上；④液体泄漏导致意外火灾或爆炸。统计显示，1986~2015 年间共发生管道事故 15497 起，其中，严重管道事故为 1614 起，重大管道事故为 8640 起。在严重管道事故中，危险液体管道事故为 139 起，输气集气管道事故为 208 起，配气管道事故为 1265 起，LNG 管道事故为 2 起。在重大管道事故中，危险液体管道事故为 4397 起，输气集气管道事故为 1880 起，配气管道事故为 2360 起，LNG 管道事故为 3 起。

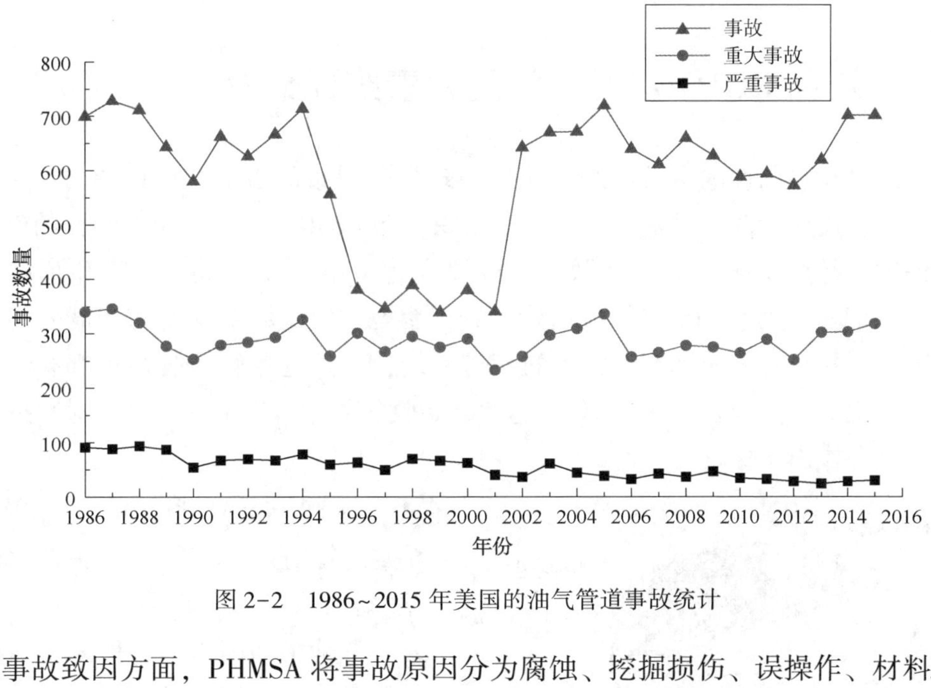

图 2-2 1986~2015 年美国的油气管道事故统计

在事故致因方面，PHMSA 将事故原因分为腐蚀、挖掘损伤、误操作、材料/焊接/装备失效、自然力破坏、其他外力破坏、其他原因共 7 类。1986~2015 年各类事故的原因统计数据如图 2-3~图 2-6 所示，对于输油管道(即危险液体管道)，材料/焊接/装备失效、腐蚀及其他外力破坏是管道发生事故的主要原因。

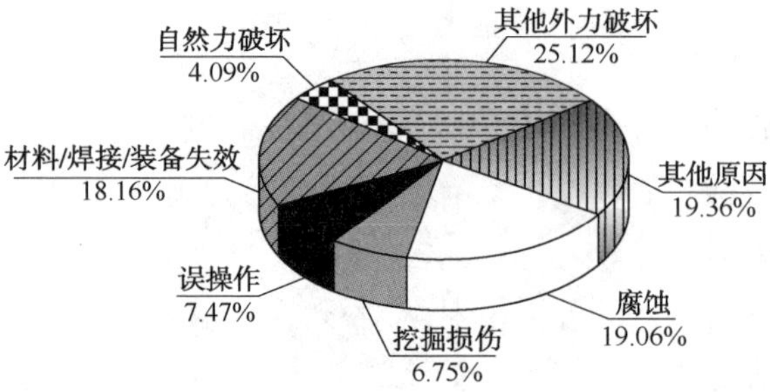

图 2-3　所有管道事故原因

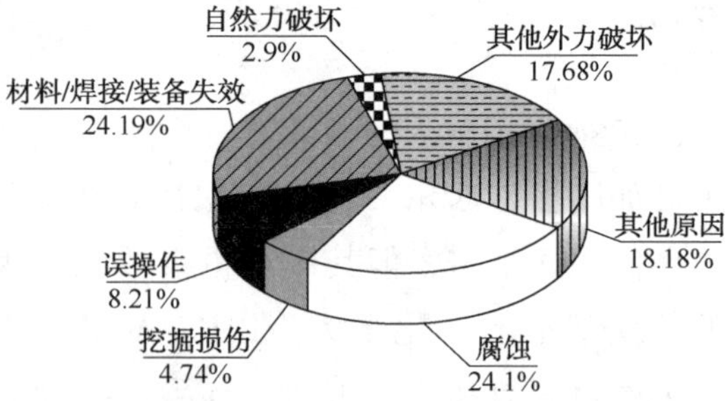

图 2-4　危险液体管道事故原因

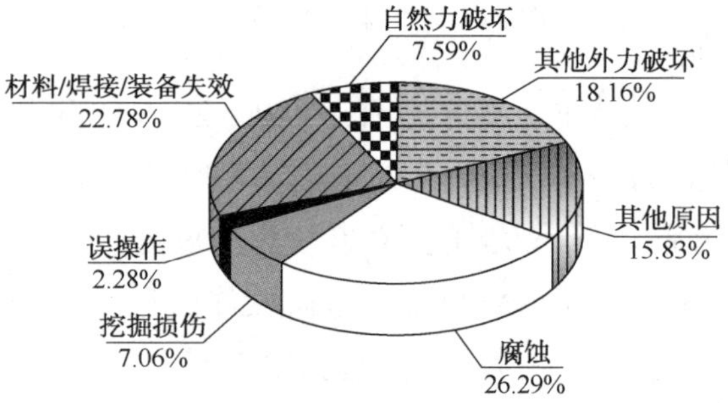

图 2-5　输气管道事故原因

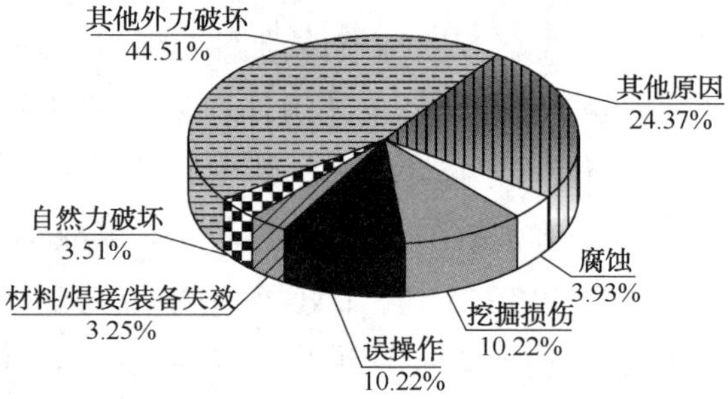

图 2-6　配气管道事故原因

2.2　欧洲 EGIG 数据库风险因素统计分析

在欧洲没有强制性的由政府统一监督管理的管道事故数据库。1982 年，6 家欧洲天然气输送管道运营商主动地建立了一个组织，即 EGIG，成立该组织的目的就是为各运营商提供具有广泛来源的统计数据，以提高管道事故发生概率计算和预测的准确性。EGIG 目前共包含有 15 家管道运营公司，参与 EGIG 数据收集的管道公司遍布欧洲各个国家，并且各公司都有着庞大的管道系统，此外这些管道公司也都有着悠久的数据统计历史，大多数公司从 1970 年起就开始收集数据，以上这些因素对数据库中广泛的数据来源作出了保证。

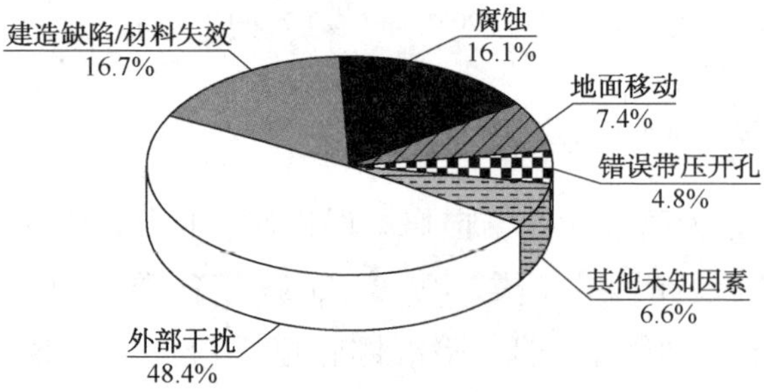

图 2-7　EGIG 管道失效原因比例

EGIG 将导致管道事故的原因划分为 6 类，分别是外部干扰、腐蚀、建造缺陷/材料失效、错误带压开孔、地面移动、其他未知因素，各种因素引发管道失效的比例如图 2-7 所示，由图可知外部干扰是引发管道失效的主要原因。尽管如此，但外部干扰所导致的失效率下降也最为明显，1974 年为 0.43×10^{-3} 次/km，

2003 年降至 0.1×10^{-3}次/km，2010 年降至 0.06×10^{-3}次/km。其原因是各国政府与管道运营商坚持加强对第三方开挖等外部干扰活动的监督和管理，严格执行土地利用计划、应用外部挖掘直呼系统等方案。

2.3 加拿大 NEB 数据库风险因素统计分析

加拿大负责管道事故数据统计的是国家能源委员会(National Energy Board，NEB)，成立于 1959 年。NEB 通过自然资源部部长向议会报告其工作情况。NEB 所使用的法令和规程影响了其所辖管道从建设安装到使用直至废弃的整个寿命周期。根据规定，若管道在建设、运营或废弃时发生了事故，管道运营商须立即向 NEB 报告，并及时提交包含事故细节的初步报告。其中事故被定义为会导致以下情况出现的事件：①人员死亡或重伤；②对环境造成了严重的负面影响；③非故意的火灾或爆炸；④非故意的泄漏，泄漏的低压碳氢化合物超过 1.5m³；⑤非故意的泄漏，泄漏了天然气或高压碳氢化合物；⑥管道的运行压力超过了 CSA Z662、CSA Z276 或 NEB 规定的设计极限。

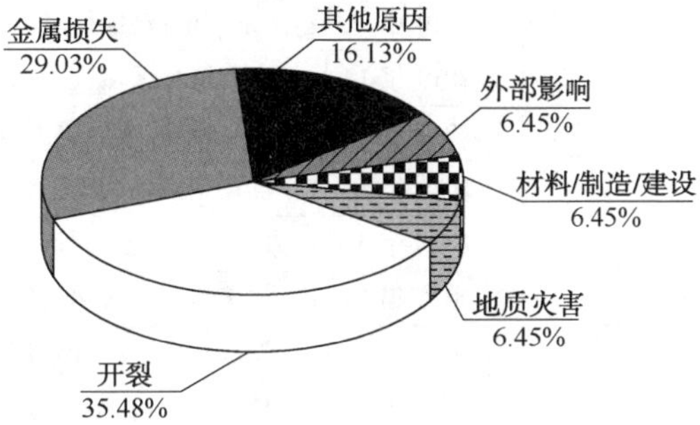

图 2-8 加拿大管道失效原因比例

加拿大标准 Z662 将管道失效原因分为 6 类，分别是金属损失、开裂、外部影响、材料/制造/建设、地质灾害、其他原因。根据 NEB 统计数据，1992～2011 年加拿大共发生管道事故 31 起，各类因素引起管道失效的比例如图 2-8 所示，由图可知管道开裂和金属损失是引起管道失效的两个主要原因。

2.4 我国燃气管道事故统计分析

我国油气管道建设的起步比国外其他国家晚，但我国油气管道的发展与国外一样，管道建设初期都是管道事故的多发期。对于早期建设的老管道来说，由于其建设投入运行的时间较长、建造时的技术水平相对较低，故管道材质、管道腐蚀、运行等方面的问题是造成管道失效的主要原因。例如根据我国四川输气管道 1969～2003 年的统计资料，造成输气管道事故的主要原因是腐蚀，其次是施工缺陷和外部影响，此外还有材料缺陷和地表移动等。近十余年来，我国经济快速发展，科学技术水平也有了相当大的进步，造成管道破坏和失效的主要原因也随之发生了变化，第三方破坏代替了腐蚀，成为管道破坏和失效的主要原因，其次是操作不当。2004～2013 年，我国国内有报道的重大输气管道泄漏事故(不包括城市燃气管道在内)共有 15 起，造成事故的原因有以下 5 个方面：①第三方破坏；②地质灾害；③设备材料；④不明原因；⑤其他原因。

据2015年统计，中国陆上油气管道总里程已达到12万公里，长度可绕地球三圈，陆上油气管道包括原油管道、成品油管道和天然气管道，30%以上的管道已经运行了10年之久，平均每年每1000km就会发生4次泄漏事故，比美国和欧洲的事故率高很多。对近10多年来有公开报道的重大管道泄漏事故进行统计，结果见表2-1。

表2-1 我国有公开报道的管道泄漏事故统计(2004~2017年)

事故原因	事故时间以及描述
第三方破坏	2004年10月：陕京线管道因第三方施工发生泄漏
	2004年12月：新疆克拉玛依天然气管道因挖掘破坏导致泄漏
	2005年9月：重庆天然气管道因施工引发滑坡导致天然气泄漏爆炸
	2006年5月：宁德液氨管道因非法采土引发滑坡导致管道砸裂泄漏
	2007年11月：海南东方海底管道因挖沙船作业导致泄漏起火
	2008年12月：浙江宁波一天然气管道因非法占压破裂导致泄漏爆炸
	2009年12月：兰郑长成品油管道因第三方施工发生泄漏
	2010年5月：东黄复线因第三方施工造成管道破裂泄漏
	2010年7月：南京市栖霞区拆迁施工过程中丙烯管道发生泄漏并引起爆炸
	2010年12月：大鹏液化天然气外输管道因铁路施工发生泄漏
	2012年5月：济青输油管道因第三方施工挖断管道发生泄漏
	2012年12月：宁夏中卫一处地下天然气输气管道被电力工程施工的工人钻破导致泄漏
	2014年6月：大连中石油输油管道因周边施工导致管道破裂泄漏
	2015年12月：重庆黔江一天然气管道因施工中被挖破导致天然气泄漏引发火灾
打孔盗油	2006年8月：鲁皖成品油管道因打孔盗油发生泄漏
	2007年5月：仪征—长岭输油管道因打孔盗油发生泄漏
	2009年9月：鲁皖成品油管道因打孔盗油发生泄漏
	2013年2月：九昌樟输油管道因打孔盗油发生泄漏
	2013年4月：兰成渝输油管道因盗油破坏发生泄漏
自然与地质灾害	2005年8月：开县输气管道被泥石流压断导致泄漏
	2007年1月：重庆一处土质护坡因大面积塌方导致紧靠坡边的两根天然气管道被压爆发生泄漏
	2007年8月：长庆靖边采油厂管道因滑坡断裂发生泄漏
	2011年9月：延长靖边采油厂输油管道因滑坡断裂发生泄漏
腐蚀	2004年5月：泸州一天然气管道因腐蚀穿孔泄漏发生爆炸
	2009年9月：海南澄迈输油管道因腐蚀穿孔发生泄漏
	2013年1月：湛江—茂名输油管道因腐蚀穿孔发生泄漏
	2013年11月：青岛黄岛区黄潍输油管道因腐蚀减薄导致管道破裂发生泄漏爆炸
材料装备失效	2006年1月：西南油气田输气管道因焊缝裂纹导致泄漏爆炸
	2007年5月：阜阳市液氨压力管道安全阀装置的下部截止阀发生破裂，管道内液氨向外泄漏，引起多人中毒事故
	2012年4月：长庆华子坪原油管道因老化破裂发生泄漏
	2013年1月：中卫西气东输管道阀室因阀门损坏发生爆燃
	2015年12月：兰州市天然气管道因井盖碎片掉入割坏管道导致泄漏

续表

事故原因	事故时间以及描述
误操作	2010 年 7 月：大连新港输油管线因操作不当发生闪爆
未知原因	2007 年 4 月：北京海淀区一天然气管道发生泄漏导致工人甲烷中毒
	2011 年 7 月：济南天然气管道爆炸起火
	2011 年 12 月：珠海海底管道天然气泄漏
	2014 年 8 月 1 日：台湾高雄市前镇区多条街道陆续发生可燃气体外泄，并引发多次爆炸
	2017 年 5 月 21 日：成都青白江区华逸路一处管道发生天然气泄漏，造成 1 死 12 伤
	2017 年 7 月 2 日：贵州晴隆天然气管道发生燃烧爆炸事故，造成 8 人死亡、35 人受伤
	2017 年 7 月 5 日：松原燃气管道发生爆炸事故，共造成 5 人遇难，89 人住院治疗，其中 14 人重伤

2.5 城镇燃气管道危害因素识别与分类

各国或组织对管道失效原因的分类依据不同，对比结果见表 2-2。由表 2-2 可知，各国或组织对于导致管道失效的因素归纳比较全面，但在事故原因的分类上并不相同，其原因主要是各国或组织在对管道事故的界定、事故统计以及运行管理水平之间存在部分差异。

我国尚未建立管道事故上报机制，不能得到油气管道事故的全面统计资料，但相关资料在一定程度上也能反映管道事故的危害因素，图 2-9 是依据公开资料统计的国内 28 起管道事故。由图 2-9 可知，导致管道失效的常见原因包括第三方损坏、打孔盗油、腐蚀、操作不当、材料缺陷、自然灾害等，其中第三方损坏和打孔盗油所占比重最大。

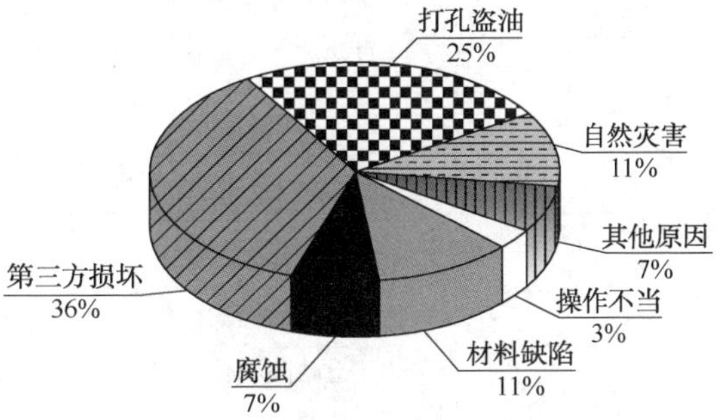

图 2-9 国内管道事故的分类统计

表 2-2 管道失效原因分类对比

组织或标准	原 因 分 类	项 目
美国 PHMSA（液体、气体、集输、配气管道）	①腐蚀：内腐蚀、外腐蚀、未知类型 ②挖掘损伤：运营商/承包商挖掘、第三方挖掘、未知类型 ③误操作：运营商/承包商操作失误、不正确安装、其他不正确操作、未知类型 ④材料/焊接/装备失效：生产制造相关、环境裂纹相关、管体、管道焊缝、机械配合、接头/配合/部件、其他管道/焊缝/接头失效、控制/救援装备故障、连接/耦合失效、非连接失效、其他装配失效、未知类型的材料/焊接/装备失效 ⑤自然力破坏：地壳运动、暴雨/洪水、闪电、温度、狂风、未知类型自然力破坏 ⑥其他外力破坏：火灾/爆炸破坏、挖掘作业未停车、其他设备/设施电弧、之前的机械损伤、蓄意破坏、其他外力破坏、未知类型外力破坏 ⑦其他原因：混杂原因、未知原因	7 大类、37 项

续表

组织或标准	原因分类	项目
加拿大 Z662-07 （油气干线、支线、集输、配气管道）	①金属损失：外部金属损失（管道或焊缝外表面腐蚀或侵蚀）、内部金属损失（管道或焊缝内表面腐蚀或侵蚀） ②开裂：应力腐蚀开裂（近中性 SCC、高 pH 值 SCC、氯化物致开裂）、氢致开裂（HIC、SSC）、机械损伤（延时）开裂、腐蚀疲劳开裂（腐蚀环境下的循环载荷导致开裂）、疲劳开裂（环境载荷导致开裂） ③外部影响：公司员工（甲方）、承包方（乙方）、第三方破坏、蓄意破坏 ④材料/制造/建设：纵焊缝缺陷、螺旋焊缝缺陷、环焊缝缺陷、管体缺陷、褶皱或屈曲、其他接头缺陷 ⑤地质灾害：冲刷侵蚀、冻胀融沉、建设或开采活动、地震、斜坡移动 ⑥其他原因：控制系统故障、不当操作、雷电、火灾、未知类型	6 大类、27 项
欧洲 CONCAWE （输油管道）	①机械损伤：建造（焊接质量、建造破坏、不正确安装、其他）、设计和材料（设计错误、材料错误、不正确材料参数、寿命或疲劳、其他） ②运行失误：系统失误（设备、仪表控制系统、其他）、人为失误（未减压或排空、不正确操作、不正确维修或施工、不正确程序、其他） ③腐蚀：外腐蚀、内腐蚀、应力腐蚀 ④自然灾害：滑坡、沉陷、地震、洪水、其他 ⑤第三方活动：意外事故（外部施工、农业活动、地下设施）、蓄意破坏 ⑥其他未知因素	6 大类、30 项
欧洲 EGIG （输气管道）	①外部干扰：导致事故的活动方式、采用的机具、已有的保护措施 ②腐蚀：腐蚀部位（内、外或未知）、腐蚀类型、是否做过内检测 ③建造缺陷/材料失效：缺陷类型（建设或材料）、缺陷信息、管段类型（直管、冷弯、热弯） ④错误带压开孔 ⑤地面移动：决堤、侵蚀、洪水、滑坡、采掘、河流或未知 ⑥其他未知因素：设计错误、雷击、维修等	6 大类、20 项

分析和参考国外管道失效原因分类，结合我国国情和管道特点，将管道事故原因分为 6 大类：①腐蚀；②外部干扰；③自然力破坏；④材料/制造/建设；⑤运营与维护；⑥其他原因。

2.6 城镇燃气管道失效数据库建设

调查国内外燃气管道典型事故案例，参考国外的油气管道数据库，构建燃气管道失效数据库模型，为管道失效数据库的建立提供支撑。数据库模型见表 2-3。

表 2-3 管道失效数据库模型

失效基本信息	失效原因、失效后果相关信息	相关资料
1. 失效年份	1. 失效原因	1. 失效现场照片。限 3 张，以“位置+失效原因”命名，放到一个文件夹中作为附件提交
2. 失效月份	简单描述	
3. 失效日期	2. 失效部位	
4. 公司名称	3. 失效点钟方位	
5. 管线名称	4. 失效泄漏类型	
桩号	5. 失效前有无开展漏磁内检测	
所属位置	6. 失效前有无开展几何内检测	
所属地区	7. 失效前有无开展超声内检测	
6. 管输介质	8. 失效前有无开展中心线内检测	2. 调查报告。以“年份+管线名称”命名，作为附件提交；若同年同一管线发生多起事故，可加失效原因以示区分
7. 投产年份	9. 失效前有无开展外检测	
8. 失效管段管径(mm)	10. 着火爆炸情况	
9. 失效管段壁厚(mm)	11. 泄漏量(m^3)	
10. 失效管段材质	12. 是否水体污染	
11. 防腐层类型	13. 停输时间(h)	
12. 失效处埋深(m)	14. 受伤人数(人)	3. 失效分析报告。以“年份+管线名称”命名，作为附件提交；若同年同一管线发生多起事故，可加失效原因以示区分
13. 失效前操作压力(MPa)	15. 死亡人数(人)	
14. 失效管段设计压力(MPa)	16. 经济损失(万元)	
15. 是否是高后果区		
15+. 高后果区类型		
16. 发现途径		

第3章　城镇燃气管道单元识别技术

3.1　燃气管道单元特征

燃气管道单元应相对独立，具有明显的特征界限，便于客观评估。其颗粒度与管理程度密切相关，颗粒度越大，管理越粗放；颗粒度越小，管理越精细。

3.2　燃气管道单元划分

由于管道系统长度较长，沿线环境变化较大，不能作为一个独立的单元进行风险评估，需要按照一定的分段准则将其划分为不同的评估单元。应根据评估内容、范围以及管道特点和风险评估需要进行划分，划分的评估单元应相对独立，具有明显的特征界限，便于客观评估。

管段划分应结合管道本体与附属设施数据、建设期管道数据、管道环境与人文数据进行。管道本体属性主要考虑管道规格、材料；管道环境主要考虑管道周边人口密度、地形地貌特征、土壤类型、建设生产活动、管段埋设方式和埋深等。

管道划分过程主要考虑管道基本属性、环境和可操作性，既要考虑分段的效果，又要考虑分段的成本，充分权衡二者的关系，以达到最优的分段效果。管段划分得出的管段长度，取决于管理者要求的程度，颗粒度越大，管理越粗放；颗粒度越小，管理越精细。

3.3　燃气管道单元识别技术方法

管段划分时，按照管道系统属性、敷设环境的顺序，逐步对管道进行分段。穿跨越段可考虑作为独立的管段。

其中，按管道系统分段是指依据管道材质、输送工艺、腐蚀防护方式和线路截断阀对管道进行分段，遇到不同属性时，将管段划分开。按敷设环境分段是指根据管道经过的地区环境，将管道划分为市政段和山地段。满足下列条件之一的，划分为市政管段，其他为山地管段：

（1）市政道路及绿化带50m范围内的管道；

(2) 沿管道轴向每 1km 管道长度，且高压管道中心线 200m 范围内、次高压管道中心线 200m 范围内：①居民楼楼层≤8 层、楼高≤24m 的楼房数量超过 8 栋；②居民楼楼层>8 层、楼高>24m 的楼房数量超过 1 栋；③工业区附近的管道。

管段划分因素及划分顺序如表 3-1 所示。

表 3-1 管段划分因素及划分顺序

序号	类 型	因素（管段划分时按照前后顺序进行）
1	管段划分原则参考因素	1. 管道材料
2		2. 输送工艺：设计压力等级
3		3. 腐蚀防护方式：防腐类型、阴极保护类型
4		4. 线路截断阀
5		5. 敷设环境：市政、山地（市政管段的定义为：(1) 市政道路及绿化带 50m 范围内；(2) 沿管道轴向每 1km 管道长度，且高压管道中心线 200m 范围内、次高压管道中心线 200m 范围内：①居民楼楼层≤8 层、楼高≤24m 的楼房数量超过 8 栋；②居民楼楼层>8 层、楼高>24m 的楼房数量超过 1 栋；③工业区附近的管道
6	独立管段	6. 管道穿越、跨越

3.4 燃气管道单元管理措施

管理措施是通过对过程的管控来达到目标。针对每一个管道单元，提出对应的技术和管理措施，便于管理者对管道实施有针对性的管理，对保障管道的安全运行起到至关重要的作用。

管理措施需要结合管理者的实际情况来提出，如制定巡查巡检管理制度，按计划开展日常管理，在维持日常管理的基础上，突出运用高科技手段和设备，提高管理的效率。当然，所提出的措施应当符合国家标准规范的要求，具有较强的可操作性和实际指导意义，便于管理者能够实施。

第 4 章　城镇燃气管道风险评价技术

4.1　管道风险评价概述

对油气管道风险评价影响最大的是美国学者 Muhlbauer，他于 1992 年出版了《管道风险管理手册》，详细阐述了管道风险评估的模型和各种评价方法，迄今为止，这本书仍然是油气管道风险评价研究中最具指导性的文献。该书经我国著名油气储运工程专家潘家华教授在《油气储运》杂志撰文介绍后，逐渐引起科研人员的注意。近几年来，由于完整性管理在管道行业得到推广，关于风险评价的研究工作也得到了重视，科研人员纷纷提出了改进的油气管道风险评价的指标体系。但是，现有的管道风险评价仍然存在主观性强、评分标准不易掌握以及某些危害因素仍未很好地考虑在风险评价的指标体系之中，例如打孔盗油、敏感环境影响、违章占压等。此外，针对我国管道的实际情况，需要通过管道事故的统计分析，对风险因素分类、权重分配及评分标准进行调整，以提高评价结果的准确性，只有这样，管道风险评价才能在一定程度上具有系统性、精确性和预见性，以满足管道完整性管理的要求。

近年来，大量的定性、定量方法应用于风险评价当中，如预先危险性分析法(PHA)、安全检查表法(SCL)、失效模式和影响分析法(FMEA)、危险可操作性分析法(HAZOP)、层次分析法(AHP)、人工神经网络评价法(ANN)、模糊综合评价法(FCE)、事故树分析法(FTA)、事件树分析法(ETA)等，其中，事故树分析和事件树分析是两个典型的风险评估方法，分别包括危险识别的定性分析和失效概率的定量评价，这两种评价方法现在通过“Bow-tie”模型结合在一起，成为一种新的风险分析方法。“Bow-tie”模型将临界事件(也可称作顶上事件)作为一个中间节点，把事故树和事件树连接成一个整体，构成一个形状如蝴蝶结的事故结构模型。传统的“Bow-tie”模型需要输入事件的精确概率值或者特定的概率密度函数。但是，精确概率值或概率密度函数往往很难获得，并且受到诸多内在不确定性因素影响，这些不确定性因素包括失效模式不同、存在设计缺陷、对失效机理认识的匮乏以及系统的模糊性等。模糊集理论(FST)已经被证明是处理不确定性问题(不精确的、模糊的、缺乏认识的、不完整的)的有效方法。有学者提出“基于变权综合理论的天然气管道动态风险评价”，引入变权综合原理，建立权重跟随指标值动态变化的变权赋值模型。也有学者提出“基于动态风险评估的油气管道完整性管理体系”，通过分析油气管道工程的特点，基于动态风险评估理论构建了油气管道完整性管理体系，并探讨了实时更新的管道完整性管理循环模式。

4.2 管道风险评价方法

4.2.1 风险评价方法分类

风险评价方法按照结果的量化程度可以分为三类：定性风险评价方法、半定量风险评价方法和定量风险评价方法。

1. 定性风险评价方法(Qualitative Risk Analysis)

定性风险评价方法在对管道进行风险评价时主要依靠评价人员的直观判断能力及其实践经验，不需要建立精确的数学模型以及计算方法，基于相关的法规、规范及标准，对影响系统的各种危害因素按事件“发生”或“不发生”的分析程序，定性评价系统危险。在定性风险评价中，系统中各种危害事件的关系及其对系统安全的影响程度等是通过风险分析过程的逻辑推理关系来确定的。

在风险管理过程中，当需要识别潜在危险事故时定性评价是重要的第一步，根据专家的观点将风险划分为高、中、低的相对等级，但是不能量化事故损失的后果以及危险性事故发生的概率。在确定管道维修的优先次序时，首先要根据定性分析法提供的资料来确定系统中最需要维修的管道以及最合适的维修措施。操作人员通过实施管道的维修积累了相关的管道定量知识，从而为制定进一步管道定量风险评价方案提供依据。

2. 半定量风险评价方法(Semi-Quantitative Risk Analysis)

半定量风险评价方法以风险的数量指标为基础，介于定量风险评价方法和定性风险评价方法之间，分别为识别到的事故损失后果以及事故发生概率分配指标，然后通过“加”和“除”将这两个对应事故严重程度和发生概率的指标进行组合，形成一个相对风险指标。美国专家 W. Kent Muhlbauer 1992 年出版的《管道风险管理手册》一书中的半定量风险评价方法通过使用一种统一有效的处理方法将风险划分成若干等级，然后根据相对风险指标进一步确定资源分配的优先权。

3. 定量风险评价方法(Quantitative Risk Analysis)

定量风险评价方法会事先给出一个事故发生的概率和一个重大的或者灾难性的事故损失后果，根据大量实验结果和广泛的事故数据和资料统计分析，建立相关数学模型，对系统的风险进行定量计算，所得到的结果为一些定量的指标，有量纲，因而定量风险评价的结果也是最严密和最准确的，而且可以与历史水平和其他管道进行比较。定量评价过程中需要采用各种力学方法(包括概率结构力学、断裂力学、各种强度理论等)、城市燃气管网建设项目风险模糊综合评价研究以及各种数学理论，用有限元方法来对所建模型进行数值求解，同时需要掌握完整的设计、施工和运行资料，以及裂纹缺陷的扩展规律和管材的腐蚀速率。

上述三类管道风险评价方法中，定量法评价结果的准确程度最高，半定量法次之，定性法最差。但是定量法要收集大量的数据，对数据的准确度要求也比较高，因此不适合数据不全的管道，同时，定量法需要进行大量的计算和分析工作，对人力、物力和财力的耗费较大。三者所需要的输入信息则较为相似，因为影响管道系统事故发生概率的主要有以下四类因素：第三方破坏、腐蚀因素、设计因素以及人为误操作。

4.2.2 燃气管道风险综合评价方法

所谓综合评价方法，是指对要评价的对象所受的各种制约因素进行全面的综合分析评价。由于城市燃气管道在复杂多变的环境中工作，各种影响管道风险的因素往往是彼此关联的，而非相互独立的，各因素间的关系也会随着时间、地点等条件的变化而改变，因此进行管道风险评价的时候通常采用综合评价方法。综合评价方法能够对受多因素影响的系统作出全局性、整体性的评价。下面对常用的综合评价方法进行介绍。

1. 层次分析法(Analytic Hierarchy Process，AHP)

层次分析法是由20世纪70年代美国著名运筹学专家T. L. Satty等提出的。该方法是基于定性与定量分析相结合的一种多准则决策方法。层次分析法的流程如下：首先要深入分析复杂决策问题的本质、内在关系及其影响因素等，然后建立层次结构模型，通过少量定量信息，使决策的思维过程数学化，从而达到通过采用一种较简便的方法对一些较复杂的决策问题进行决策的目的，而这些决策问题往往具有多准则、多目标、无结构特性等一些特点。该方法在人的定性判断起重要作用、不能直接准确计量决策结果时，通过数学模型将人的思维过程数量化、层次化，从而对分析、决策、控制和预报进行定量分析。

2. 模糊综合评价法(Fuzzy Comprehensive Evaluation，FCE)

模糊综合评价法是一种有效的多因素决策方法，依据模糊数学中的一些概念来评价实际综合评价问题，对受多种因素影响的事物进行全面评价。其特点在于所得到的评价结果用模糊集合来表示，不是一个绝对的值。模糊综合评价方法能够对评价专家在认识上的模糊性以及事物属性间的不清晰性等进行较好的处理，因此这种方法几乎适用于所有领域。

3. 数据包络分析法(Data Envelopment Analysis，DEA)

1978年，美国A. Charnes等首次提出数据包络分析法并建立了模型，用来对多输入和多输出部门的相对有效性进行评价。在运用和发展运筹学理论的基础上，逐步形成了用于经济定量分析并依赖于线性规划技术的非参数方法，或者是一种非参数的经济估计方法。该方法有效生产的前沿面需要通过一组输入、输出观察值来确定。凭借DEA不需要预先估计参数的特点，使得该方法在减少误差、简化运算和避免主观因素等方面具有不可低估的优越性，近年来已经在技术创新、技术进步、资源配置、金融投资、成本收益等各个领域广泛运用于有效性分析。

4. 人工神经网络评价法(Artificial Neural Net，ANN)

人工神经网络评价法是一种发展较快的人工智能技术。它是通过对人脑信息处理模式的模仿建立相似的函数神经元，实现神经元的连接和整体网络的架构，将输入层和输出层之间的对应关系以权值的方式通过训练过程保存在隐含层中。将新问题的输入信息代入到训练完好的神经网络中，很快就可以得到相对应的输出结果，因此可以很好地应用于实际问题中。随着计算机技术的飞速发展以及该方法思想的新颖性，ANN已经在知识复杂、微观认识不完备等越来越多的领域中得到应用。

5. 灰色综合评价法(Gray Comprehensive Evaluation，GCE)

灰色综合评价法是一种将定性分析和定量分析结合起来的综合评价方法，可以排除人为带来的影响，较好地解决评价指标难以准确量化和统计的问题。灰色综合评价法主要通过参考数列和比较数列的相关度和关联系数，采用关联分析的工具对研究对象进行综合评价，进而计算出每种备选方案或影响因素的重要度，确定系统的重要因素或最优方案。其应用领域包括工程领域、企业经济效益的评价、国防竞争力测算和农业发展水平的评价等。

燃气管道风险综合评价方法的比较见表4-1。

表4-1 燃气管道风险综合评价方法比较

序号	方法名称	优点	缺点	实用性
1	层次分析法	便于整理思路，思路清晰，结构严谨，具有较好的客观性、科学性和实用性	当标度工作量太大(因素超过9个时)，易引起标度专家的反感及判断的混乱	适用于具有定性的，或兼有定性和定量的决策分析
2	模糊综合评价法	数学模型简单，容易掌握，应用广泛，对多层次、多因素的复杂问题评价效果比较好，是其他方法无可替代的	评价人数不能太少，评价者必须对被评价事物在专业方面有相当深的了解	基于该方法能较好地解决综合评价中的模糊性的特性，使得该方法几乎适用于所有领域
3	数据包络分析法	不需要假设权重，每个输入、输出的权重是由决策单元的实际数据求得的，而不是评价者的主观认定，从而具有较强的客观性	结果为相对发展指标，无法表示出评价单元的实际发展水平	适用于对多输入和多输出部门的相对有效性作出评价

续表

序号	方法名称	优　点	缺　点	实　用　性
4	人工神经网络评价法	求解问题效率高、运算速度快、适应面宽、自学能力强，能够较好地模拟评价专家综合评价的过程	需要大量的训练样本，计算精度不高，应用范围有限	适用于知识复杂、微观认识不完备的领域
5	灰色综合评价法	对数据量没有要求，数据多与少都可以分析，计算简单，通俗易懂	要求样本数据具有时间序列特性	在系统数据资料较少和条件不满足统计要求的情况下更具实用性

4.3　城镇燃气管道失效可能性评估

管道失效概率的评估是建立在对历史数据的统计与分析基础之上的，通过分析包含管道基本信息和失效信息等内容的事故数据库，建立油气管道的基本失效概率模型，进而可推测管道事故的发生概率。

4.3.1　评估模型

4.3.1.1　失效概率评估模型

基于修正因子的油气管道失效概率计算方法如式(4-1)所示。根据统计资料获得由 i 失效因素引起的管道失效概率，将其作为基本失效概率 R_i，通过失效概率修正因子 F_i 对基本失效概率 R_i 进行修正，求得要评价管线由 i 失效因素引起的失效概率。将各因素引起的失效概率相加即得到管道的失效概率。评估模型如图 4-1 所示。

$$P = \sum_{i=1}^{l} P_i = \sum_{i=1}^{l} R_i F_i \tag{4-1}$$

式中　P——管道失效概率，$(\mathrm{km \cdot a})^{-1}$；

P_i——由 i 失效因素引起的失效概率，$(\mathrm{km \cdot a})^{-1}$；

R_i——失效因素 i 对应的基本失效概率，$(\mathrm{km \cdot a})^{-1}$；

F_i——失效因素 i 对应的失效概率修正因子；

l——失效因素的个数，此处 $l=6$。

4.3.1.2　基本失效概率评估模型

油气管道基本失效概率也可以理解为平均失效概率，是指某国家或者某企业油气管道系统平均每年每公里发生的事故数量，它反映的是油气管道失效概率的平均状况，可作为油气管道失效概率评估的基准线，也可作为风险可接收标准的依据，是管道风险评价的基础数据之一。其有如下特点：

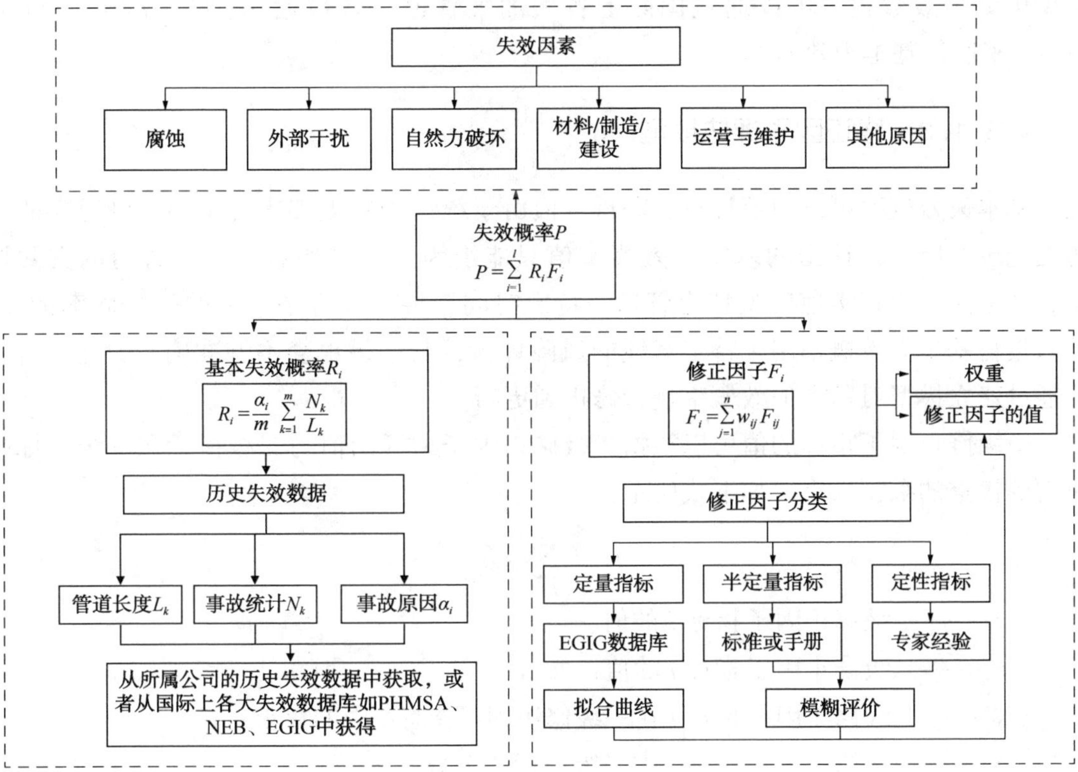

图 4-1 失效概率评估模型

(1) 需要通过大量的统计资料获得，该统计资料来源于油气管道事故的历史记录，如油气管道失效数据库；

(2) 是某个国家或者某个企业油气管道系统平均状态下的失效概率，不能直接反映某一特定管道、特定时间、特定运行条件下的失效概率情况；

(3) 可根据具体管线的实际情况，采用与管道的损害机理、周边环境以及管理水平等因素有关的修正因子对基本失效概率进行修正。

基于事故统计的油气管道某失效因素 i 的基本失效概率 R_i 可通过下式计算：

$$R_i=\frac{\alpha_i}{m}\sum_{k=1}^{m}\frac{N_k}{L_k} \tag{4-2}$$

式中 N_k——第 k 年管道发生的事故数量；

L_k——第 k 年的管道长度，km；

α_i——失效因素 i 所占的比例；

m——年数。

从式(4-2)中可以看出，采用基于事故统计的方法评估油气管道的基本失效概率，需要大量的历史失效数据，如管道里程、事故数量、失效因素等。对于所要评价的管道系统，其基本失效概率最好通过该管道所属公司的历史失效数据获得，如果该公司缺少历史失效数据，可以通过国际上各大油气管道失效数据库(如 PHMSA、NEB、EGIG)来获得基本失效概率。

4.3.1.3 修正因子评估模型

基本失效概率可以由统计资料获得，但由于统计资料大多来源于油气管道事故的历史记录，所以其得出的基本失效概率值只能视为处于平均状态下的管道的失效概率，并不能完全真实地反映特定管道、特定时间、特定运行条件下的失效概率情况，若直接将基本失效概率用于特定管线的风险评价，其结果也会不够准确。因此，有必要通过建立模型对基本失效概率进行修正和更新。

一级修正因子指标的值可以根据二级修正因子指标的值与二级指标在一级指标中所占的权重的乘积求得，如下式所示：

$$F_i = \sum_{j=1}^{n} w_{ij} F_{ij} \tag{4-3}$$

式中 F_i——一级修正因子指标 i 的值；

F_{ij}——二级修正因子指标 j 的值；

w_{ij}——二级修正因子指标 j 在一级修正因子指标 i 中的权重；

n——一级修正因子指标 i 中二级指标的个数。

4.3.2 基本失效概率计算

对美国政府运输部下属的管道及危险物品安全管理局(PHMSA)数据库的油气管道里程数据、事故数据和失效因素数据进行全面分析，采用基于事故统计的方法评估油气管道基线失效概率。美国每年燃气管道的长度及事故数量统计见图 4-2，燃气管道事故原因比例分布见图 4-3，根据式(4-2)求得基本失效概率，计算结果见表 4-2。

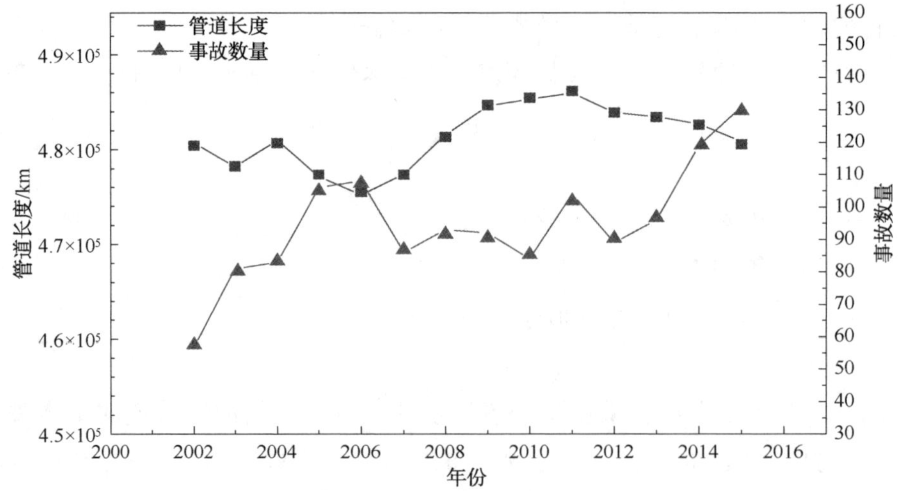

图 4-2 美国每年燃气管道的长度及事故数量统计图

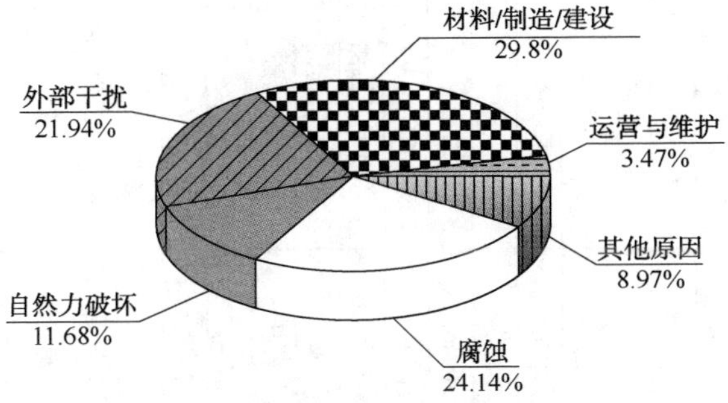

图 4-3 美国燃气管道事故原因比例分布

表 4-2 基本失效概率

失效因素	比例(α_i)/%	基本失效概率(R_i)/(km·a)$^{-1}$
腐蚀	24.14	5.25×10^{-5}
外部干扰	21.94	4.77×10^{-5}
自然力破坏	11.68	2.54×10^{-5}
材料/制造/建设	29.80	6.48×10^{-5}
运营与维护	3.47	7.54×10^{-6}
其他原因	8.97	1.95×10^{-5}
合计	100	2.17×10^{-4}

4.3.3 失效概率修正因子

4.3.3.1 修正因子指标体系

修正因子指标体系由 6 个一级指标和 38 个二级指标组成，如表 4-3 所示。6 个一级指标与 6 个基本失效原因相对应，分别为腐蚀、外部干扰、自然力破坏、材料/制造/建设、运营与维护及其他原因。腐蚀的影响因素包括壁厚、管龄、防腐层类型、土壤腐蚀性、阴极保护系统、杂散电流干扰、防腐层状况、防腐层破损点、外腐蚀缺陷、内腐蚀缺陷以及内腐蚀防护措施，共 11 项。外部干扰的影响因素包括壁厚、管径、埋深、巡线、沿线标志情况、活动程度、周边公众教育、违章占压以及地上设施，共 9 项。自然力破坏的影响因素包括管径、地质灾害敏感点以及城市地面沉降，共 3 项。材料/制造/建设的影响因素包括管材等级、管龄、焊口无损检测、焊缝缺陷、管道变形及斜接、水平净距不足、管道安全系数、系统安全系数、特殊施工管段以及开/竣工报告，共 10 项。运营与维护的影响因素包括管径、SCADA 系统、阀室系统故障以及员工培训，共 4 项。其他原因为管道线路改迁，共 1 项。

表 4-3　修正因子指标

一级指标	二级指标	权重	评价标准	Ⅰ	Ⅱ	Ⅲ	Ⅳ	Ⅴ
				9.98×10^{-6}	0.031	1	13.78	253.59
腐蚀	壁厚/mm	0.061	EGIG 曲线拟合；$f(x)=-0.00001527x^3+0.00109x^2-0.02481x+0.1783$					
	管龄	0.100	EGIG 曲线拟合：$f(x)=0.0000002047x^4-0.00001907x^3+0.0006045x^2-0.006608x+0.01931$					
	防腐层类型	0.206	EGIG 统计数据，离散关系					
	土壤腐蚀性	0.079	土壤腐蚀性	低	较低	中	较高	高
			土壤电阻率/(Ω·m)	≥100	[50，100)	[20，50)	<20	未检测
	阴极保护系统	0.079	阴极保护系统状态	优	良	中	差	劣
			试片断电电位最大值/V	≤-0.95	(-0.95，-0.9]	(-0.9，-0.85]	>-0.85	未检测
	杂散电流干扰	0.079	干扰程度	弱	较弱	中	较强	强
			最大管地电位波动值/mV	≤20	(20，50]	(50，350]	>350	未检测
	防腐层状况	0.079	防腐层状况	优	良	中	差	劣
			最大电流衰减率 Y 值/(dB/m)	$Y\leq0.02$	$0.02<Y\leq0.072$	$0.072<Y\leq0.158$	>0.158	未检测
	防腐层破损点	0.079	最大梯度值/dB	无破损点	已修复或无需修复	2 级(<40)	3 级(40~60)	4 级(>60)或未检测
	外腐蚀缺陷	0.079	变形量/%wt	无缺陷	已修复或无需修复	2 级	3 级	4 级或未检测
	内腐蚀缺陷	0.079	变形量/%wt	无缺陷	已修复或无需修复	2 级	3 级	4 级或未检测
	内腐蚀防护措施	0.079	内腐蚀监测、内涂层、定期清管、缓蚀剂	四者都有	四者有其三	四者有其二	四者有其一	无任何措施
外部干扰	壁厚/mm	0.158	EGIG 曲线拟合；$f(x)=0.000003226x^4-0.0002949x^3+0.009806x^2-0.1404x+0.7302$					
	管径/mm	0.275	EGIG 曲线拟合：$f(x)=-0.0000000007608x^3+0.000002131x^2-0.001944x+0.5833$					
	埋深/m	0.131	EGIG 曲线拟合：$f(x)=2.068\times10^{15}x^{-8.213}$					
	巡线	0.073	巡线频率	每日一巡	两日一巡	三日一巡	四日一巡	每周一巡或更少
	沿线标志情况	0.073	标志状况	优	良	中	差	劣
			三桩一牌完好率	100%	[90%，100%)	[80%，90%)	[70%，80%)	<70%
	活动程度	0.073	活动程度	很低	低	中等	较高	高
			工地事件	无	1 处	2 处	3 处	4 处及以上
	周边公众教育	0.073	宣传教育、与政府会晤、与承包商会晤、与附近居民沟通	四者都有	四者有其三	四者有其二	四者有其一	无任何措施
	违章占压	0.073	占压情况	无占压	1 处	2 处	3 处	4 处以及上
	地上设施	0.073	①与其他设施距离 6m 以上；②有安全防护措施；③重要区域重点监测	无地上设施	三者都满足	三者满足其二	三者满足其一	无任何措施

续表

一级指标	二级指标	权重	评价标准	Ⅰ	Ⅱ	Ⅲ	Ⅳ	Ⅴ
				9.98×10^{-6}	0.031	1	13.78	253.59
自然力破坏	管径/mm	0.279	EGIG 曲线拟合：$f(x)=0.0000000004882x^3-0.00000006429x^2-3.069e-0.5x+0.04801$					
	地质灾害敏感点	0.361	敏感点稳定及保护情况	无敏感点	存在敏感点，稳定，且有保护	存在敏感点，不稳定，但有保护	存在敏感点，稳定，但无保护	存在敏感点，不稳定，且无保护
	城市地面沉降	0.361	发生的可能性	很低	低	中等	高	很高
材料/制造/建设	管材等级	0.069	EGIG 统计数据，离散关系					
	管龄	0.152	EGIG 曲线拟合：$f(x)=-0.00000009733x^4+0.0000128x^3-0.0004953x^2+0.006852x-0.02312$					
	焊口无损检测	0.097	无损检测一次合格率	100%	[90%，100%)	[80%，90%)	[70%，80%)	<70%
	焊缝缺陷	0.097	缺陷程度	无异常	已修复或无需修复	轻度	中度	重度或未检测
	管道变形及衔接	0.097	变形量/%*OD*	无	已修复或无需修复	变形量<2%*OD*	2%*OD*≤变形量<5%*OD*	变形量≥5%*OD*或未检测
	水平净距不足	0.097	净距/m	无	已整改	[6.5m，13.5m)	[3.5m~6.5m)	<3.5m
	管道安全系数	0.097	最大壁厚/计算壁厚	>1.40	(1.20，1.40]	(1.10，1.20]	(1.0，1.10]	≤1.0
	系统安全系数	0.097	设计压力/*MOP*	>1.50	(1.25，1.50]	(1.10~1.25]	(1.0~1.10]	≤1.0
	特殊施工管段	0.097	顶管、定向钻	无特殊施工段	1~2 处	3~4 处	5~6 处	7 处及以上
	开工、竣工报告	0.097	资料完善程度	优	良	中	差	劣
运营与维护	管径/mm	0.011	EGIG 曲线拟合：$f(x)=-0.00000000006731x^3+0.0000001963x^2-0.0001849x+0.05601$					
	SCADA 系统	0.330	可靠度	[95%，100%]	[80%，95%)	[50%，80%)	<50%	无 SCADA 系统
	阀室系统故障	0.330	测试合格率	无阀室	100%	[90%，100%)	<90%	未测试
	员工培训	0.330	培训制度完善程度	优	良	可	差	劣
其他原因	管道线路改迁	1.000	改迁方案完善程度	无改迁	有 1 处改迁或方案完善	有 2 处改迁或方案较完善	有 3 处改迁或方案不完善	有 4 处改迁或方案不合理

注：①*wt* 表示管道壁厚；*OD* 表示管道外径；*MOP* 表示管道最大工作压力。

②表中数据取值范围中："("表示">"，")"表示"<"，"["表示"≥"，"]"表示"≤"，全书同。

4.3.3.2 修正因子分类

为了减少风险评价过程中的主观性，尽可能将修正因子指标量化。考虑各个指标获取和量化的难易程度，将修正因子指标划分为三类：定量指标、半定量指标以及定性指标。

1. 定量指标

定量指标需要大量的统计数据作支撑，通过分析欧洲 EGIG 数据库的统计数据，确定 10 个定量指标，如表 4-4 所示。定量指标包括壁厚、管径、管龄、埋深、防腐层类型、管材等级等管道基本参数，EGIG 数据库给出了这些参数与管道失效概率间的统计关系。将这些统计数据拟合成多项式曲线，从而得到定量指标与失效概率间的函数关系，如图 4-4～图 4-11 所示，为定量修正因子指标的取值及权重的计算提供基础。

防腐层、管材等级这两个参数与失效概率间的关系是离散的、不连续的，不宜用拟合函数表示，可以分别通过表 4-5 和表 4-6 表示。

尽管 EGIG 数据库是欧洲管道公司多年来积累统计数据的成果，但是统计的管道壁厚、管径等基本参数与失效概率间的函数关系是普遍的、常规的，同样适用于我国的管道。因此，图 4-4～图 4-11 中的这些拟合函数同样适用于我国管道。

表 4-4 定量指标

一级指标(F_i)	二级指标(F_{ij})	管道定量参数与失效频率的拟合关系	平均失效概率(r_{ij})
腐蚀(F_C)	壁厚(F_{CW})	$f(x)=-0.00001527x^3+0.00109x^2-0.02481x+0.1783$	0.018
	管龄(F_{CA})	$f(x)=0.0000002047x^4-0.00001907x^3+0.0006045x^2-0.006608x+0.01931$	0.029
	防腐层类型(F_{CT})	离散关系	0.060
外部干扰(F_E)	壁厚(F_{EW})	$f(x)=0.000003226x^4-0.0002949x^3+0.009806x^2-0.1404x+0.7302$	0.050
	管径(F_{ED})	$f(x)=-0.0000000007608x^3+0.000002131x^2-0.001944x+0.5833$	0.087
	埋深(F_{EC})	$f(x)=2.068\times10^{15}x^{-8.213}$	0.041
自然力破坏(F_N)	管径(F_{ND})	$f(x)=0.00000000004882x^3-0.00000006429x^2-0.00003069x+0.04801$	0.018
材料/制造/建设(F_M)	管材等级(F_{MM})	离散关系	0.016
	管龄(F_{MA})	$f(x)=-0.00000009733x^4+0.0000128x^3-0.0004953x^2+0.006852x-0.02312$	0.036
运营与维护(F_I)	管径(F_{ID})	$f(x)=-0.00000000006731x^3+0.0000001963x^2-0.0001849x+0.05601$	0.001

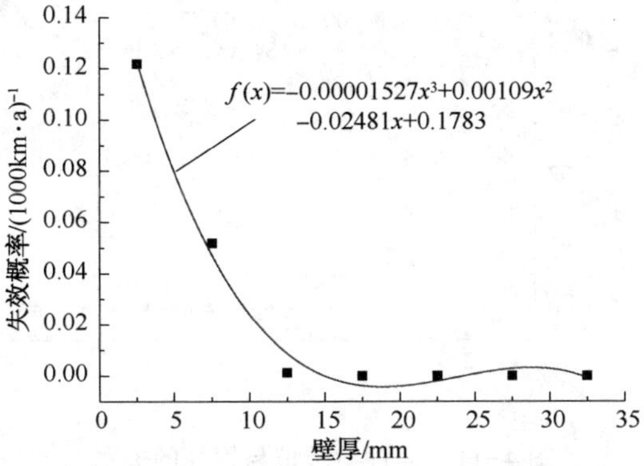

图 4-4 腐蚀与壁厚的关系

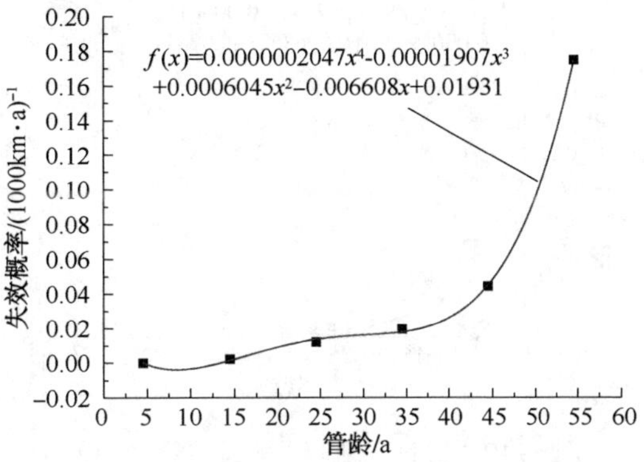

图 4-5 腐蚀与管龄的关系

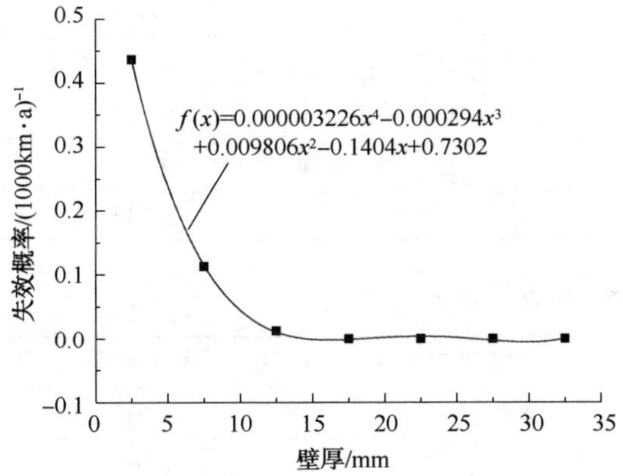

图 4-6 外部干扰与壁厚的关系

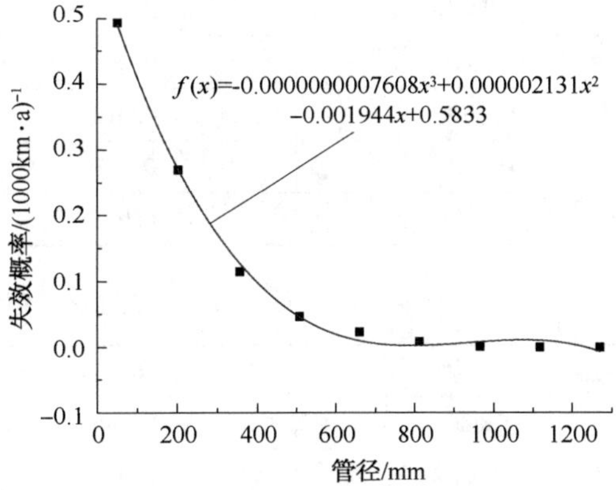

图 4-7 外部干扰与管径的关系

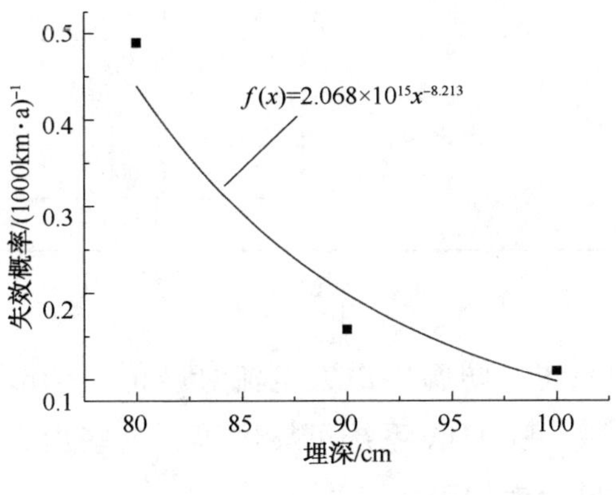

图 4-8 外部干扰与埋深的关系

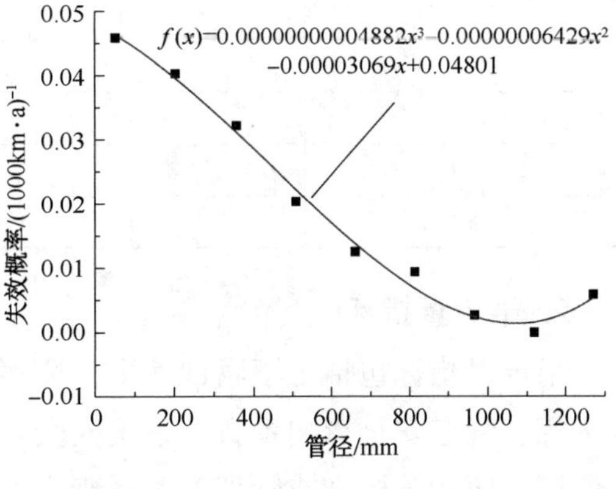

图 4-9 自然力破坏与管径的关系

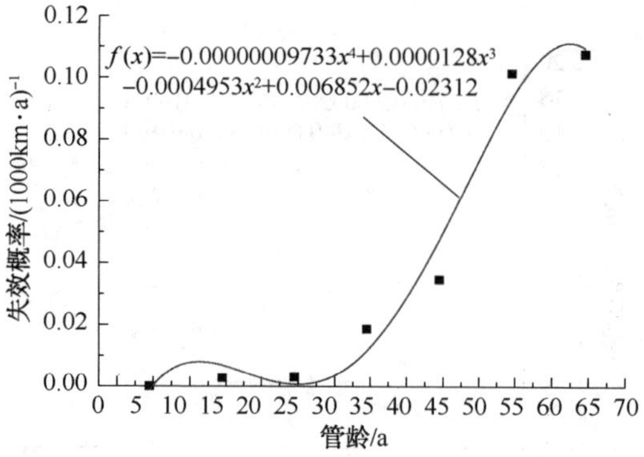

图 4-10　材料、制造、建设与管龄的关系

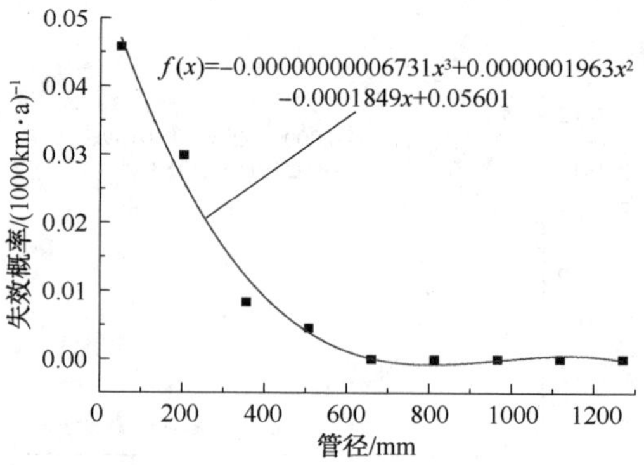

图 4-11　运营与维护与管径的关系

表 4-5　定量指标—防腐层类型

防腐层类型	失效概率	平均失效概率	修正系数
煤焦油	0.067	0.060	1.117
沥青	0.091		1.517
PE 防腐层	0.010		0.167
环氧树脂	0.038		0.633
其他	0.091		1.517

表 4-6　定量指标—钢管等级

钢　级	失效概率	平均失效概率	修正系数
Grade A	0.046	0.016	2.875
Grade B	0.017		1.063
X42	0.016		1.000
X46	0.028		1.750
X52	0.029		1.813
X56	0.015		0.938
X60	0.007		0.438
X65	0.005		0.313
X70	0		0.000
X80	0		0.000

2. 半定量指标

半定量指标包括土壤腐蚀速率、阴极保护系统、防腐层最大电流衰减值、杂散电流干扰、管道安全影响系数、系统安全影响系数、SCADA 系统可靠度等，这些指标的数值可参照相关标准或管理者手册确定。半定量指标如表 4-7 所示。

半定量修正因子指标划分为 5 个等级——Ⅰ级、Ⅱ级、Ⅲ级、Ⅳ级、Ⅴ级，表示燃气管道的失效可能性依次为很小、较小、中等、较大、很大。采用分级标准量化法对其进行分级和取值，实现定性到定量的转化。

表 4-7 半定量指标

一级指标	二级指标	评判标准	修正因子等级				
			Ⅰ	Ⅱ	Ⅲ	Ⅳ	Ⅴ
腐蚀	土壤腐蚀性	土壤腐蚀性	低	较低	中	较高	高
		土壤电阻率/(Ω·m)	>100	50~100	20~50	<20	未检测
	阴极保护	阴极保护系统状态	优	良	中	差	劣
		试片断电电位最大值/V	-1.0~-0.95	-0.95~-0.9	-0.9~-0.85	>-0.85	未检测
	杂散电流干扰	干扰程度	弱	较弱	中	较强	强
		最大管地电位波动值/mV	<20	20~50	50~350	>350	未检测
	防腐层状况	防腐层状况	优	良	中	差	劣
		最大电流衰减率 *Y* 值/(dB/m)	*Y*≤0.02	0.02<*Y*≤0.072	0.072<*Y*≤0.158	≥0.158	未检测
	防腐层破损点	最大梯度值/dB	无破损点	已修复或无需修复	2 级(<40)	3 级(40~60)	4 级(>60)或未检测
	外腐蚀缺陷	变形量/%*wt*	无缺陷	已修复或无需修复	2 级	3 级	4 级或未检测
	内腐蚀缺陷	变形量/%*wt*	无缺陷	已修复或无需修复	2 级	3 级	4 级或未检测
外部干扰	巡线	巡线频率	每日一巡	两日一巡	三日一巡	四日一巡	每周一巡或更少
	管道标志	“三桩一牌”完好率	100%	90%~99%	80%~89%	70%~79%	<70%
材料/制造/建设	焊口无损检测	无损检测一次合格率	100%	90%~99%	80%~89%	70%~79%	<70%
	焊缝缺陷	缺陷程度	无异常	已修复或无需修复	轻度	中度	重度或未检测
	管道变形及斜接	变形量/%*OD*	无	已修复或无需修复	深度<2%*OD*	2%*OD*≤深度<5%*OD*	深度≥5%*OD* 或未检测
	水平净距不足	净距/m	无	已整改	6.6m~13.5m	3.5m~6.5m	<3.5m
	管道安全系数	最大壁厚/计算壁厚	>1.40	1.21~1.40	1.11~1.20	1.0~1.10	<1.0
	系统安全系数	设计压力/*MOP*	>1.51	1.26~1.50	1.10~1.25	1.0~1.09	<1.0
运营与维护	SCADA 系统	可靠度	100%	95%	80%	50%	无 SCADA 系统
	阀室故障	测试合格率	无阀室	100%	90%及以上	低于 90%	未测试

注：土壤电阻率、试片断电电位、杂散电流干扰、防腐层电流衰减率 *Y* 值等参数参考 GB/T 19285—2014《埋地钢质管道腐蚀防护工程检验》；水平净距不足参考 GB 50028—2006《城镇燃气设计规范》；管道安全系数、系统安全系数、SCADA 系统可靠度参考 KENT 法第三版。

3. 定性指标

对于定性指标，由于没有确切数据作为支撑，并且风险评价标准或管理手册中也没有明确的量化参数作为依据，因此，需凭借专家既往经验判断获取其等级划分准则。定性指标如表 4-8 所示。

定性修正因子指标划分为 5 个等级——Ⅰ级、Ⅱ级、Ⅲ级、Ⅳ级、Ⅴ级，表示燃气管道的失效可能性依次为很小、较小、中等、较大、很大。采用分级标准量化法对其进行分级和取值，实现定性到定量的转化。

表 4-8 定性指标

一级指标	二级指标	评判标准	修正因子等级				
			Ⅰ	Ⅱ	Ⅲ	Ⅳ	Ⅴ
腐蚀	内腐蚀防护措施	①内腐蚀监测；②缓蚀剂；③内涂层；④定期清管	四者都有	四者有其三	四者有其二	四者有其一	无任何措施
外部干扰	活动程度	工地事件	无	1 处	2 处	3 处	4 处及以上
	公众教育	①定期宣传教育；②与当地政府会晤；③与第三方承包商会晤；④与附近居民沟通	四者都有	四者有其三	四者有其二	四者有其一	无任何措施
	违章占压	占压情况	无占压	1 处	2 处	3 处	4 处及以上
	地上设施	①与其他设施距离 6m 以上；②有安全防护措施；③重要区域重点监测	无地上设施	三者都满足	三者满足其二	三者满足其一	无任何措施
自然力破坏	地质灾害敏感点	敏感点稳定及保护情况	无敏感点	存在敏感点，稳定，且有保护	存在敏感点，不稳定，但有保护	存在敏感点，稳定，但无保护	存在敏感点，不稳定，且无保护
	城市地面沉降	发生的可能性	很低	低	中等	较高	很高
材料/制造/建设	特殊施工管段	顶管、定向钻	无特殊施工段	1~2 处	3~4 处	5~6 处	7 处及以上
	开工、竣工报告	资料完善程度	优	良	中	差	劣
运营与维护	员工培训	培训制度完善程度	优	良	中	差	劣
其他原因	线路改迁	改迁方案完善程度	无改迁	有 1 处改迁或方案完善	有 2 处改迁或方案较完善	有 3 处改迁或方案不完善	有 4 改迁或方案不合理

4.3.3.3 修正因子取值及权重

修正因子的取值根据修正因子的等级确定：

(1) 如果修正因子处于平均水平，则修正因子取"1"，此时管道系统的失效概率等于基本失效概率。

(2) 如果修正因子处于较好的水平，则修正因子的取值小于"1"，反之则大于"1"。

采用修正因子的方法评估管道失效概率，重点是确定上述提到的"平均水平"。对于定量修正因子指标来说，通过定积分求得拟合曲线的平均失效概率，将该平均失效概率视为"平均水平"。对于半定量和定性修正因子指标来说，将等级"Ⅲ"视为"平均水平"。

1. 定量指标修正因子取值

定量指标修正因子的值可以根据以下四个步骤求得：

(1) 步骤1：收集定量指标参数(壁厚、管径、埋深等)；

(2) 步骤2：根据拟合函数求得参数对应的失效概率值，拟合函数见表4-4；

(3) 步骤3：计算拟合函数的平均失效概率，计算公式见式(4-4)；

(4) 步骤4：确定修正因子的值，计算公式见式(4-5)。

$$r_{ij}=\frac{\int_a^b f(x)\,\mathrm{d}x}{b-a} \tag{4-4}$$

$$F_{ij}=\frac{f(x)}{r_{ij}} \tag{4-5}$$

式中 F_{ij}——二级修正因子指标的值；

$f(x)$——各参数对应的失效概率值；

r_{ij}——区间$[a, b]$范围内拟合函数的平均失效概率。

2. 半定量及定性指标修正因子取值

半定量和定性指标修正因子的值可以根据模糊评价法求得，详见以下五个步骤：

(1) 步骤1：收集半定量指标或定性指标的参数数据；

(2) 步骤2：根据表4-7和表4-8确定半定量指标或定性指标的修正因子等级；

(3) 步骤3：将修正因子等级转化成模糊数；

(4) 步骤4：将模糊数转化为模糊概率；

(5) 步骤5：计算修正因子的值。

步骤3中，根据模糊系统(数据逼近系统)将修正因子等级转化成模糊数，如图4-12所示。"Ⅰ"对应"0.1"，"Ⅱ"对应"0.3"，"Ⅲ"对应"0.5"，"Ⅳ"对应"0.7"，"Ⅴ"对应"0.9"。

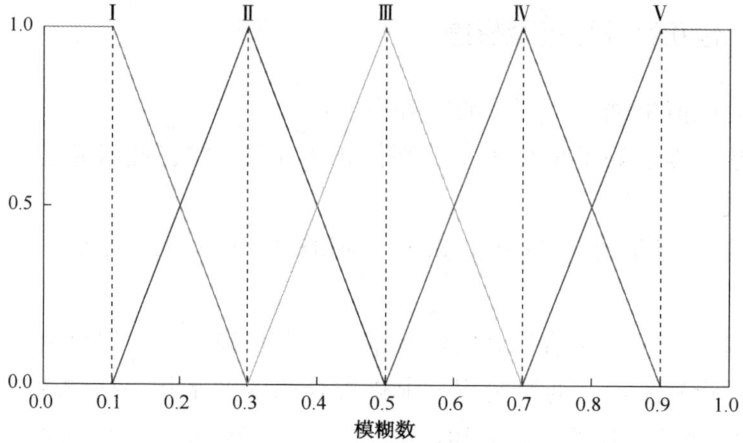

图 4-12　修正因子等级转化成模糊数

步骤 4 中，模糊数可以通过荷兰学者 Onisawa 提出的经验公式转换成模糊概率：

$$FP=\begin{cases}\dfrac{1}{10^k} & (FPS\neq 0)\\ 0 & (FPS=0)\end{cases} \tag{4-6}$$

式中　FP——模糊失效概率；

FPS——模糊数；

k——$k=\left[\dfrac{1-FPS}{FPS}\right]^{\frac{1}{3}}\times K$，$K$ 通过下式计算：　(4-7)

$$K=\frac{1}{\lg(1/r)} \tag{4-8}$$

式中　r——平均失效概率。根据各个失效数据库的统计数据确定管道系统的平均失效概率，其值为 $2.32\times10^{-4}(\mathrm{km}\cdot\mathrm{a})^{-1}$，见表 4-9。对于二级指标来说，平均失效概率取 $2.32\times10^{-5}(\mathrm{km}\cdot\mathrm{a})^{-1}$，因此，$K=4.63$。

表 4-9　不同失效数据库的管道失效概率

国　家	数据库	年　限	失效概率/$(1000\mathrm{km}\cdot\mathrm{a})^{-1}$	
			历史	近 5 年
美国	PHMSA	2004~2015	0.155	0.149
加拿大	CEPA	2011~2015	0.225	0.225
欧洲	EGIG	1970~2013	0.33	0.16
英国	UKOPA	1962~2014	0.219	0.078
平均			0.232	0.153

步骤 5 中，由于对于半定量和定性修正因子指标来说，将等级“Ⅲ”视为“平均水平”，故相应的修正因子取值为“1”。其他四个等级对应的修正因子的值为各个等级对

应的模糊概率与等级“Ⅲ”对应的模糊概率的比值，计算结果见表 4-10。

表 4-10 不同修正因子等级对应的修正因子值

修正因子等级	Ⅰ	Ⅱ	Ⅲ	Ⅳ	Ⅴ
模糊数(*FPS*)	0.1	0.3	0.5	0.7	0.9
模糊概率(*FP*)	2.34×10^{-10}	7.23×10^{-7}	2.32×10^{-5}	3.23×10^{-4}	0.006
修正因子的值	9.98×10^{-6}	0.031	1.0	13.78	253.59

3. 权重

每个修正因子都有一个对应的权重，权重的计算公式见式(4-9)，计算结果见表 4-3。

$$w_{ij} = \frac{r_{ij}}{\sum_{j=1}^{n} r_{ij}} \tag{4-9}$$

式中 w_{ij}——二级修正因子指标的权重；

r_{ij}——某个二级修正因子指标的平均失效概率。

4.4 城镇燃气管道失效后果评估

4.4.1 介质危害性

参考 SY/T 6891.1—2012《油气管道风险评价方法 第 1 部分：半定量评价法》，介质危害性得分为介质危害类型得分与介质危害修正得分之和，最大分值为 10 分。

1. 介质类型(8 分)

确定危害性质的主要因素是管道运输产品自身。管道泄漏介质危害评分如表 4-11 所示。

表 4-11 输送介质危害评分

输送介质类型	产品危害评分	输送介质类型	产品危害评分
汽油	8	柴油	6
原油	7	天然气	8
煤油	7		

2. 介质危害修正(2 分)

根据管道最高工作压力对介质危害进行修正，介质危害修正评分如表 4-12 所示。

表 4-12　介质危害修正评分

最高工作压力	得　分	最高工作压力	得　分
$P_{max} \leqslant 0.34\text{MPa}$	0	$P_{max} > 1.36\text{MPa}$	2
$P_{max} \in (0.34\text{MPa}, 1.36\text{MPa}]$	1		

4.4.2　泄漏量

1. 泄漏量计算

参考 SY/T 6828—2017《油气管道地质灾害风险管理技术规范》，输气管道泄漏扩散形式为蒸气云团，达到平衡后不再扩大，保守估计时间为 10min，10min 的流量由下式计算：

$$Q = 5.2 \times D^2 \sqrt{(p - 0.1)\rho} \times 10^5 \tag{4-10}$$

式中　Q——泄漏量，m^3；

D——管道内径，m；

p——管道输送平均压力，MPa；

ρ——介质密度，kg/m^3。

2. 泄漏量评分(5 分)

泄漏量确定后按表 4-13 进行打分。

表 4-13　输气管道泄漏量打分表

泄漏量 Q/m^3	分　值	泄漏量 Q/m^3	分　值
<2270	1	[227000，2270000)	4
[2270，22700)	2	≥2270000	5
[22700，227000)	3		

注：应根据各个管段识别出的主要危害因素来调整泄漏量的评分，如果经危害因素识别评估后认为该段管线存在较严重的地质灾害风险，则泄漏量按照全管径断裂计算，即为最严重的情形，此时泄漏量评分为 5 分。

4.4.3　扩散

天然气扩散会影响周围的区域，影响的严重程度取决于管道本身与泄漏的具体位置，泄漏影响区域的大小是扩散所研究的内容。参考 GB/T 27512—2011《埋地钢质管道风险评估方法》，扩散性得分为以下各项得分之和。

1. 地形评分(2 分)

根据可能泄漏处地形的闭塞与开阔情况进行评分，如表 4-14 所示。

表 4-14　地形评分

地　形	得　分	地　形	得　分
可能的泄漏处地形闭塞	1	可能的泄漏处地形开阔	2

2. **风速评分(3分)**

根据可能泄漏处的风速情况进行评分，如表4-15所示。

表4-15 风速评分

地　形	得　分	地　形	得　分
可能的泄漏处年平均风速低	1	可能的泄漏处年平均风速高	3
可能的泄漏处年平均风速中等	2		

4.4.4 危害受体

因管道事故造成损害的接受体的种类与数量的评估对整个管道的风险评估至关重要。接受体是指由于管道泄漏造成危害的“接受方”，包括人口、建筑物、耕地等。本项评估的主要内容是评估不同的接受体遭受危害时造成后果的严重程度。参考GB/T 27512—2011《埋地钢质管道风险评估方法》，对危害受体的评估主要考虑人口密度、沿线环境、供应中断的影响三个方面的因素。危害受体得分为这三项得分之和。

1. **人口密度评分(4分)**

(1) 如果可能的泄漏处是荒无人烟地区，则为0分；

(2) 如果可能的泄漏处2km长度范围内，管道区段两侧各65m的范围内，人口数量∈[1, 100)，则为1分；

(3) 如果可能的泄漏处2km长度范围内，管道区段两侧各65m的范围内，人口数量∈[100, 300)，则为2分；

(4) 如果可能的泄漏处2km长度范围内，管道区段两侧各65m的范围内，人口数量∈[300, 500]，则为3分；

(5) 如果可能的泄漏处2km长度范围内，管道区段两侧各65m的范围内，人口数量>500，则为4分。

2. **沿线环境/财产密度评分(3分)**

(1) 如果可能的泄漏处是荒无人烟地区，则为0分；

(2) 如果可能的泄漏处2km长度范围内，管道区段两侧各65m的范围内，大多为农业生产区，则为1分；

(3) 如果可能的泄漏处2km长度范围内，管道区段两侧各65m的范围内，大多为住宅、宾馆、娱乐休闲地，则为1.5分；

(4) 如果可能的泄漏处2km长度范围内，管道区段两侧各65m的范围内，大多为商业区，则为2分；

(5) 如果可能的泄漏处2km长度范围内，管道区段两侧各65m的范围内，大多为仓库、码头、车站等，则为2.5分；

(6) 如果可能的泄漏处2km长度范围内，管线两侧各65m的范围内，大多为工业生产区，则为 3 分。

3. 供应中断的影响评分(3 分)

（1）如果无重要用户，供应中断对其他单位影响一般，则为 1 分；

（2）如果供应中断影响小城市、小城镇的工业用燃料，则为 1.5 分；

（3）如果供应中断影响小企业、小城市生活，则为 2 分；

（4）如果供应中断影响一般的工业生产、中型城市生活，则为 2.5 分；

（5）如果供应中断影响国家重要大型企业、大型中心城市生产、生活，则为 3 分。

4.5 风险量化分级

采用风险分级的方法对油气管道风险进行分析、排序和等级划分，确定关注重点和优先级顺序，以便有针对性地做到分级核查、报告、追责和管理。该分级取决于事件发生的可能性以及事故造成的损失。实践表明，风险分级管理通过对风险识别、分析、衡量和管理决策方面的评价和监督，主要侧重于从实施效果角度来评价风险管理的诸多环节是否顺应其既定目标，切实了解各种风险的重要性和管理对策并随时根据环境需要做必要的修改和调整，保证企业内部风险管控制度总是保持在最佳运行状态。风险分级一方面可以减少风险发生的可能性，另一方面可以减少或防范风险发生所带来的损失，使其更广泛地作用于整个管理过程，提高安全生产水平，实现更大的经济利益和社会效益。

4.5.1 分级方法

采用风险矩阵法对管道风险进行分级。风险矩阵法是一种操作简便且能将定性分析与定量分析相结合的方法，是由美国空军电子系统中心的采办工程小组于 1995 年 4 月提出的。在 ISO Guide 73—2009《风险管理　术语》标准中，国际化标准组织(ISO)把 Risk Matrix(风险矩阵)作为术语来对待，对其定义为：一种通过定义后果和可能性的范围，对风险进行展示和排序的工具。这个定义看似简单，却给出了明确的约定：首先，风险矩阵是一种工具，该工具用于展示风险，并对风险进行排序；其次，风险矩阵关乎两个要素：后果及其发生的可能性；最后，使用这种工具时，需要定义后果和可能性的范围，该范围可以是定性的，也可以是定量的。

风险矩阵是从事故发生可能性和事故造成的损失两个维度来分析事故风险的等级，并揭示风险的重要性。这种评估工具概念清晰、简单易掌握、输出结果明确，有利于风险管理工作的开展。随着风险评价技术由定性向定量的过渡，风险矩阵也得到了更加细化的发展，很多著名石油公司和研究机构所制定的风险评估规范和标准中都采用了风险矩阵作为风险评估的工具，例如 API 581 风险矩阵、DNV 风险矩阵、Shell 风险矩阵、石油工业 QHSE 风险管理体系等。

4.5.2 定量风险评价矩阵

建立风险评价矩阵，用失效概率量化失效可能性，用后果评分量化失效后果的严重程度，使风险矩阵的各个等级明确化、清晰化，如表 4-16 所示。

管道安全风险矩阵中纵轴表示失效后果等级，分为 5 个级别。按照 4.4 节评分标准，风险评分在 0~2500 之间。对失效后果进行等级划分，划分标准为：[0，500)为极轻后果，[500，1000)为较轻后果，[1000，1500)为中等后果，[1500，2000)为较严重后果，[2000，2500]为极严重后果。

管道安全风险矩阵中横轴表示事故发生的可能性，其评估基于历史失效数据，来源于对管道系统之前发生事故的鉴定结果，是指预估潜在后果发生的可能性，分为 5 个级别，每个级别对应相应的管道失效概率，属于定量风险评价的范畴。由于国际上各大管道失效数据库的统计数据均显示，管道平均失效概率为 $10^{-4}(km \cdot a)^{-1}$，因此，对失效可能性进行等级划分时，可参照管道定量风险评价标准 DNV-RP-F107，其划分标准为：$<10^{-5}$为极低可能性，$[10^{-5}, 10^{-4})$为较低可能性，$[10^{-4}, 10^{-3})$为中等可能性，$[10^{-3}, 10^{-2})$为较高可能性，$\geqslant 10^{-2}$为极高可能性。

表 4-16 安全风险矩阵

<table>
<tr><td colspan="4" rowspan="3">安全风险矩阵</td><td colspan="5">发生的可能性等级—从不可能到频繁发生</td></tr>
<tr><td>1</td><td>2</td><td>3</td><td>4</td><td>5</td></tr>
<tr><td>极低</td><td>较低</td><td>中等</td><td>较高</td><td>极高</td></tr>
<tr><td colspan="4"></td><td>$<10^{-5}$</td><td>$[10^{-5}, 10^{-4})$</td><td>$[10^{-4}, 10^{-3})$</td><td>$[10^{-3}, 10^{-2})$</td><td>$\geqslant 10^{-2}$</td></tr>
<tr><td rowspan="5">事故后果等级(从轻到重)</td><td>1</td><td>极轻</td><td>[0，500)</td><td>1</td><td>2</td><td>3</td><td>4</td><td>5</td></tr>
<tr><td>2</td><td>较轻</td><td>[500，1000)</td><td>2</td><td>4</td><td>6</td><td>8</td><td>10</td></tr>
<tr><td>3</td><td>中等</td><td>[1000，1500)</td><td>3</td><td>6</td><td>9</td><td>12</td><td>15</td></tr>
<tr><td>4</td><td>较严重</td><td>[1500，2000)</td><td>4</td><td>8</td><td>12</td><td>16</td><td>20</td></tr>
<tr><td>5</td><td>极严重</td><td>[2000，2500]</td><td>5</td><td>10</td><td>15</td><td>20</td><td>25</td></tr>
</table>

注：①纵轴表示所造成的后果严重程度，分为 5 个级别，分别用 1~5 来表示事故后果的严重性，每个级别对应相应的失效后果评分，评价考虑到了当时的环境和潜在后果。这些潜在后果可能是在较不利的情况下由风险释放所导致。

②横轴表示预估潜在后果发生的可能性，分为 5 个级别，每个级别对应相应的管道失效概率，属于定量风险评价的范畴。

③风险值=后果严重性(C)×发生可能性(P)。(风险值以计算最大值为准)

④当风险值大于等于 20 但小于 25 时属于极高风险；风险值大于等于 12 但小于 16 时属于较高风险；风险值大于等于 8 但小于 10 时属于中等风险；风险值大于等于 4 但小于 6 时属于较低风险；风险值小于等于 3 时属于极低风险。

⑤评级结果为极低风险的风险点，危险源不列入清单管理。

4.5.3 风险管控措施

运用风险矩阵进行风险评价，风险等级可分为 5 个级别：极高风险，在限定的时段内必须完成整改；较高风险，在规定的时段内整改；中等风险；较低风险；极低风险。风险矩阵中每一个具体数字代表该风险的风险指数值，最小为1，最大为25。风险等级表见表4-17。

表4-17 风险等级表

风险值	等 级	是否接受	应采取的行动/控制措施
20~25	极高风险	不可接受	采取紧急措施降低风险，建立运行控制程序，定期检查、测量及评价，停止作业、对改进措施进行评价，必须采取措施降低风险至最低合理可接受范围；定期向政府主管部门备案
12~16	较高风险	不可接受	由企业采取措施降低风险，建立运行控制程序，定期检查、测量及评价，停止作业、对改进措施进行评价，需要采取有效的措施降低风险至最低合理可接受范围
8~10	中等风险	最低合理可接受	可考虑建立操作规程，加强培训及沟通，采取措施降低风险，直到当降低风险不可行或者降低风险所需成本远远大于收益时方可接受
4~6	较低风险	可接受	无需采取控制措施，但需要保存记录
1~3	极低风险	可接受	无需采取控制措施

对确定的不可接受的中等至极高风险进行分级管理，并根据风险评价结果，分类分级进行控制。风险分级管理控制表见表4-18。

表4-18 风险分级管理控制表

风险分级	控制级别	目标、管理方案	运行控制	应急预案	教育培训	监控机制
极高风险	政府级	立刻中止作业，列入政府监督整改隐患治理项目，或制定目标方案消减风险，并在消减风险措施落实后重新评估风险。在降低至中等风险时应持续消减风险。在降低至低风险时可保持控制措施	必须制定相应的运行管理程序或作业文件以控制风险	优先考虑制定相应的应急预案	相关人员必须经过相应的专业安全教育培训，并考核后方可上岗，必要时持证上岗	政府、企业检查必须覆盖
较高风险	企业级	列入企业级隐患治理项目，或制定目标方案消减风险，并在消减风险措施落实后重新评估风险。在降低至中等风险时应持续消减风险。在降低至低风险时可保持控制措施	必须制定相应的运行管理程序或作业文件以控制风险	优先考虑制定相应的应急预案	相关人员必须经过相应的专业安全教育培训，并考核后方可上岗，必要时持证上岗	政府、企业检查必须覆盖

续表

风险分级	控制级别	目标、管理方案	运行控制	应急预案	教育培训	监控机制
中等风险	部门级	可考虑建立无费或低费的管理方案以消减风险	必须制定相应的运行管理程序或作业文件以控制风险降低到合理可行的范围	根据实际确定是否需要制定现场处置应急预案	相关人员必须经过相应的安全教育培训，并考核后方可上岗	部门级检查必须覆盖
较低风险	可忽略的风险，可纳入体系控制，无需建立文件化的控制措施					
极低风险	可忽略的风险					

本书结合深圳燃气集团公司的企业标准，针对每一项风险指标，提出了相应的风险管控措施，确保各个风险因素在可控范围之内。风险管控措施见表4-19。

表4-19 风险管控措施

风险分类	风险因素	管 控 措 施
腐蚀	壁厚	SGCA-I1-1.20-SP—2017 天然气高压管道线路设计、施工及验收若干技术指引
	管龄	对服役年龄较长的管线重点监测，老化严重的管线建议换管
	防腐层类型	SGCA-I1-2.1-SP—2017 高压、次高压燃气管道防腐层缺陷管理响应规程
	土壤腐蚀性	SGCA-I1-1.20-SP—2017 天然气高压管道线路设计、施工及验收若干技术指引
	阴极保护系统	SGCA-I1-1.9-SP—2017 燃气管道牺牲阳极保护系统检测与维护操作规程 SGCA-I1-1.11-SP—2017 高压管道牺牲阳极阴极保护工程施工及验收技术规程 SGCA-I1-1.38-SP—2017 高压管道外加电流阴极保护系统管理细则
	杂散电流干扰	SGCA-I1-1.42-SP—2017 天然气次高压、高压管道杂散排流管理细则
	防腐层状况	SGCA-I1-2.1-SP—2017 高压、次高压燃气管道防腐层缺陷管理响应规程
	防腐层破损点	SGCA-I1-2.1-SP—2017 高压、次高压燃气管道防腐层缺陷管理响应规程
	外腐蚀缺陷	SGCA-I1-2.13-SP—2017 高压、次高压燃气管道内检测管理细则 SGCA-I1-2.14-SP—2017 高压、次高压管道外检测管理细则 SGCA-I1-2.15-SP—2017 高压、次高压燃气管道本体缺陷管理响应规程 SGCA-I1-1.46-SP—2017 天然气高压、次高压管道缺陷修复技术规程
	内腐蚀缺陷	SGCA-I1-2.13-SP—2017 高压、次高压燃气管道内检测管理细则 SGCA-I1-2.15-SP—2017 高压、次高压燃气管道本体缺陷管理响应规程 SGCA-I1-1.46-SP—2017 天然气高压、次高压管道缺陷修复技术规程
	内腐蚀防护措施	SGCA-I1-1.20-SP—2017 天然气高压管道线路设计、施工及验收若干技术指引

续表

风险分类	风险因素	管控措施
外部干扰	壁厚	SGCA-I1-1.20-SP—2017　天然气高压管道线路设计、施工及验收若干技术指引
	管径	SGCA-I1-1.20-SP—2017　天然气高压管道线路设计、施工及验收若干技术指引
	埋深	SGCA-I1-1.20-SP—2017　天然气高压管道线路设计、施工及验收若干技术指引
	巡线	SGCA-I1-2.10-SP—2017　城镇地下燃气管道巡查事件分类标准 SGCA-I1-2.11-SP—2017　高压、次高压管网巡查事件分级管理细则 SGCA-I1-1.18-SP—2017　地下高压、次高压燃气管道及设施巡查检测规程 SGCA-I1-1.37-SP—2017　高压、次高压天然气输配管网山地管线外委巡查管理细则
	沿线标志状况	SGCA-I1-2.7-SP—2017　地下燃气管道及设施公众警示、标识管理细则
	活动程度	SGCA-I1-2.12-SP—2017　城镇地下燃气管网周边施工工地分类分级管理细则
	周边公众教育	SGCA-I1-2.7-SP—2017　地下燃气管道及设施公众警示、标识管理细则
	违章占压	SGCA-I1-2.12-SP—2017　城镇地下燃气管网周边施工工地分类分级管理细则
	地上设施	SGCA-I1-2.7-SP—2017　地下燃气管道及设施公众警示、标识管理细则
自然力破坏	管径	SGCA-I1-1.20-SP—2017　天然气高压管道线路设计、施工及验收若干技术指引
	地质灾害敏感点	SGCA-I1-1.45-SP—2017　管道周边地质灾害敏感区识别和监测管理细则 SGCA-I1-2.2-SP—2017　高压、次高压管道地质灾害识别响应规程
	城市地面沉降	SGCA-I1-1.45-SP—2017　管道周边地质灾害敏感区识别和监测管理细则
材料/制造/建设	管材等级	SGCA-I1-1.20-SP—2017　天然气高压管道线路设计、施工及验收若干技术指引
	管龄	采用近些年建造的管道，制管工艺先进，制管记录齐全，老化严重的管线可采取换管措施
	焊口无损检测	SGCA-I1-2.13-SP—2017　高压、次高压燃气管道内检测管理细则 SGCA-I1-2.14-SP—2017　高压、次高压管道外检测管理细则 SGCA-I1-2.15-SP—2017　高压、次高压燃气管道本体缺陷管理响应规程 SGCA-I1-1.46-SP—2017　天然气高压、次高压管道缺陷修复技术规程
	焊缝缺陷	SGCA-I1-1.20-SP—2017　天然气高压管道线路设计、施工及验收若干技术指引 SGCA-I1-2.15-SP—2017　高压、次高压燃气管道本体缺陷管理响应规程 SGCA-I1-1.46-SP—2017　天然气高压、次高压管道缺陷修复技术规程
	管道变形及斜接	SGCA-I1-1.20-SP—2017　天然气高压管道线路设计、施工及验收若干技术指引 SGCA-I1-2.15-SP—2017　高压、次高压燃气管道本体缺陷管理响应规程 SGCA-I1-1.46-SP—2017　天然气高压、次高压管道缺陷修复技术规程
	水平净距不足	SGCA-I1-1.20-SP—2017　天然气高压管道线路设计、施工及验收若干技术指引 SGCA-I1-1.43-SP—2017　天然气高压管线改迁工程施工及验收技术规程
	管道安全系数	SGCA-I1-1.20-SP—2017　天然气高压管道线路设计、施工及验收若干技术指引
	系统安全系数	SGCA-I1-1.20-SP—2017　天然气高压管道线路设计、施工及验收若干技术指引
	特殊施工管段	SGCA-I1-1.47-SP—2017　高压、次高压天然气特殊管段管理细则
	开、竣工报告	SGCA-I1-1.20-SP—2017　天然气高压管道线路设计、施工及验收若干技术指引 SGCA-I1-2.8-SP—2017　天然气高压输配系统工程建设期场站、阀室部分表格填写规范 SGCA-I1-2.9-SP—2017　天然气高压输配系统工程建设期数据采集与管理细则

续表

风险分类	风险因素	管 控 措 施
运营与维护	管径	SGCA-I1-1.20-SP—2017 天然气高压管道线路设计、施工及验收若干技术指引
	SCADA 系统	确保 SCADA 系统的可靠度及正常运行的时间
	阀室系统故障	SGCA-I1-1.30-SP—2017 线路截断阀维护保养作业规程
	员工培训	员工培训、再培训计划规程完善，在岗员工持证上岗
其他原因	管道线路改迁	SGCA-I1-1.43-SP—2017 天然气高压管线改迁工程施工及验收技术规程

第 5 章　城镇燃气管道风险管控措施

5.1　腐蚀防护技术

5.1.1　防腐层破损点维修

以某城镇燃气公司为例，根据完整性管理系统腐蚀防护功能模块，该公司对管辖区内所有管线实施全面检验工作，并将全面检验报告数据录入该功能模块，从缺陷分级、派发维修工单到跟踪记录修复过程，运用完整性系统科学管理防腐层破损点修复工作(见图 5-1)。

图 5-1　外检测工作管理

自 2010 年起该公司委托中国特种设备检测研究院开展管道的全面检验及合于使用评价工作，内容包括：资料审查与危害辨识、一般性宏观检验、穿跨越管段检查、腐蚀环境调查、外防腐层的检验、管道阴极保护系统检测与评价、管道腐蚀状况检测与评价、焊缝质量无损检测、腐蚀防护系统综合评价、合于使用评价(管系应力分析、剩余强度评估、剩余寿命预测、超标缺陷安全评价)。2010 年完成次高压 B、C 线的检测工作，2011 年完成次高压 A、F 线的检测工作，2012 年完成次高压 D 线的检测工作，2014 年完成次高压 B、C 线第二周期的检测工作，2015 年完成高压中、西线的检测工作，2016 年完成次高压 A、D、F 线第二周期全面检测工作。高压、次高压燃气管道全面检测工作已按周期 100%合规有效，共计发现防腐层破损点 123 处。

防腐层破损点处管道面临腐蚀减薄、泄漏穿孔风险，主要是由外界腐蚀环境造成的，其中杂散电流腐蚀占主导作用。高压、次高压燃气管道全面检测中发现的防腐层破损点，主要采用黏弹体+热压敏收缩套进行修复（见图 5-2）。

图 5-2 黏弹体+热压敏收缩套修复

5.1.2 阴极保护系统风险管控

管道的保护状态是众多因素协同作用的结果，其不仅受现役阴极保护（简称阴保）系统防护效能的影响，而且受管道周边地铁杂散电流、高压输电电路故障、邻近管线阴极保护电流等多方面因素的干扰。因此，需结合各项影响因素的分析结果，就现役管道阴极保护系统的运行状态，提出整改建议。

管道建设期启用了牺牲阳极阴极保护系统，随着牺牲阳极逐年消耗，以及近几年大规模地铁管网运行所产生的杂散电流干扰，原有牺牲阳极阴极保护系统无法为管道提供有效的阴极保护，且地铁的干扰对原有阴极保护系统的数据采集方式提出了新要求。

1. 阴极保护系统的测试

根据企业管理相关标准，完成周期性阴极保护检测桩/井的检测工作（见图 5-3），检测参数包括自然电位、通电电位、断电电位、交流电压、土壤电阻率、阳极接地电阻、阳极开路电位、阳极输出电流。

图 5-3 牺牲阳极阴极保护系统测试

2. 现存风险因素的分析及应对措施

结合近几年防腐层疑似破损点检测及阴极保护系统检测，可判定燃气管道的杂散电流干扰情况，并制定相应的整改措施，具体从以下几方面展开：调整阴极保护系统模式、安装极性排流器和绝缘接头处理等。

1）调整阴极保护系统模式

因牺牲阳极阴极保护系统输出的阴极保护电流受阳极开路电位限制，所以无法根据管道对阴极保护电流需求量的不断增加而加大输出，在杂散电流干扰下，原有牺牲阳极阴极保护系统无法为管道提供有效的阴极保护。然而，强制电流阴极保护系统可随管道阴极保护电流需求量的增加予以调节，有效弥补了牺牲阳极阴极保护的缺陷。因此将牺牲阳极阴极被动保护模式调整为以强制电流阴极保护为主、牺牲阳极为辅的保护模式，大大提高了管道抵御杂散电流干扰的能力。

2）安装极性排流器

在杂散电流干扰区域，牺牲阳极若与管道直接相连，杂散电流可从牺牲阳极流入管道，若牺牲阳极经极性排流器与管线连接，则杂散电流不可从牺牲阳极流入管道，仅可流出管道，从而避免管道的腐蚀。同时，针对外加阴极保护电流保护不足区域，牺牲阳极又可为管道补充适量的阴极保护电流。

3）绝缘接头处理

若阀室两侧未安装绝缘接头，将导致阀室综合接地网与阴极保护管道间电连通，低电阻接地网漏失大量阴极保护电流，最终引起阀室附近管线阴极保护电位偏正，造成阀室接地网附近管道阴极保护不达标。同时动态直流杂散电流也会通过接地网流进流出，增大管道其他区域破损点处的杂散电流腐蚀风险。因此，需进行阀室地网绝缘处理工作，有效阻隔管道阴极保护电流经阀室接地网漏失，提高系统的阴极保护效率。

5.2 第三方工地风险管控技术

城镇燃气管道敷设路由复杂，不可控因素多，覆盖范围遍布全市，穿行于城市人口稠密区域，管理区域大，运行、抢维修、检测技术难度高，运行管理难度大，发生事故时无论是造成供气中断还是泄漏爆炸，其后果均非常严重、无法承受。燃气企业应高度重视城市燃气管道安全管理工作，不断探索管道第三方工地管理模式，充分借助科技手段，提升管道安全管理水平，最大限度地防范可能发生的第三方破坏事故。城镇燃气企业可推行管网动态分级巡查管理。根据不同压力等级、施工类型、施工工地性质及信息要素、小区类型等按风险大小，识别施工工地风险等级，确定工地的巡查周期。同时，工地管理人员和管线运行工程师应定期跟进工地施工特征要素变化。当工地施工特征要素发生变化时，应重新核实工地风险，调整巡查周期，从而提高管网巡查工作的针对性。

1. 施工工地分级分类管理

管网周边施工工地的信息要素可以分为基础条件因素和管理干预因素两部分，其中基础条件因素包括施工作业工程进度、施工作业方式和施工作业距离三个方面，管理干预因素包括施工作业监管程度、管网压力、管网重要度、管网信息完整度和保护措施落实情况五个方面。每个影响因素根据其对管道保护的影响程度不同，设置不同风险等级，一级最高、二级其次，以此类推。

管网风险分级分类标准如下：

1）施工作业工程进度风险

施工作业工程进度风险等级划分见表 5-1。

表 5-1　施工作业工程进度风险等级划分

风险等级	一级	二级	三级	四级	五级
工程进度	活跃期	—	不确定期	稳定期	—

2）施工作业可控程度风险

施工作业可控程度风险等级划分见表 5-2。

表 5-2　施工作业可控程度风险等级划分

风险等级	一级	二级	三级	四级	五级
工程可控度	可控程度低	—	—	可控程度高	—

3）施工作业距离风险

施工作业距离风险等级划分见表 5-3。

表 5-3　施工作业距离风险等级划分

风险等级	一级	二级	三级	四级	五级
作业距离	保护范围内	—	控制范围内	—	控制范围外

4）施工作业监管程度风险

施工作业监管程度风险等级划分见表 5-4。

表 5-4　施工作业监管程度风险等级划分

风险等级	一级	二级	三级	四级	五级
工程监管度	无监管	—	监管力度较弱	—	监管力度较强

5）管网压力风险

管网压力风险等级划分见表 5-5。

表 5-5　管网压力风险等级划分

风险等级	一级	二级	三级	四级	五级
管网压力等级	高压	次高压	—	中压	低压

6）管网重要度风险

管网重要度风险等级划分见表5-6。

表5-6 管网重要度风险等级划分

风险等级	一级	二级	三级	四级	五级
管网重要度	给重要工业用户供气	可能影响10000户（含）以上用户用气	可能影响重要用户或影响5000户（含）以上用户用气	影响5000户以下用户用气	—

7）管网信息完整度风险

管网信息完整度风险等级划分见表5-7。

表5-7 管网信息完整度风险等级划分

风险等级	一级	二级	三级	四级	五级
管网信息完整度	GIS无，现场有	GIS有，现场无	GIS和现场均有，但信息不符	—	GIS和现场均有，信息相符

8）保护措施落实风险

保护措施落实风险等级划分见表5-8。

表5-8 保护措施落实风险等级划分

风险等级	一级	二级	三级	四级	五级
保护措施	无保护方案和保护措施	制定有保护方案，未落实	—	—	有保护措施，有落实

（1）工地管道保护

如满足隔离条件的，宜对施工区域内的管线及设施进行隔离处理；如管道不能隔离，但可改迁的，应将管道及设施改迁至安全范围内；若管道无法隔离、改迁，或者是改迁后管道及设施仍在施工区域内的，应尽可能对管道及设施采取管沟、盖板等保护措施进行保护。

① 以下施工作业前，应开挖断面确认燃气管道及设施的位置，落实好保护措施：

a. 特殊作业类型的施工，且与管道有交叉可能的作业；

b. 在管道及设施的保护范围内作业的；

c. 作业范围内管线信息不完整的。

② 施工作业工程进度风险等级为三级的施工工地，管线巡查人员负责跟进。

③ 施工作业工程进度风险等级为三级、四级的施工工地，管线巡查人员应每天巡视或电话沟通。

④ 施工作业距离风险等级为一级的施工工地，工地管理人员应在接到信息后立即与施工方沟通，并到现场进行指导，落实管道保护措施。

⑤ 基础条件因素中有 2(含)个以上一级风险的工地，或者管理干预因素中有 3(含)个以上一级风险的工地，每天至少巡查两次。

⑥ 基础条件因素中有 1 个一级风险的工地，或者管理干预因素中有一级风险的工地，每天至少巡查一次。

⑦ 除上述⑤~⑦之外的工地，每两天至少巡查一次。

⑧ 若同时存在 2 种以上级别的工地，以巡查周期短的级别为准。无监管或者监管力度较差的工地，可根据其施工进度，适当增加巡查次数。

(2) 问题处理

① 发现存在管网隐患的，管线巡查人员或工地管理人员应签发《安全隐患整改通知单》，填写《施工现场燃气管道及设施协调记录表》，做好相应记录。

② 对于拒绝签订保护协议或者未按要求落实保护措施的施工工地，管网管理单位应及时上报，并做好记录。

2. 推广使用手机智能巡查系统

以智能手机、电脑为硬件基础，用于辅助相关人员完成人员监管、人员排班、事件上报、事件跟进、事件管理等功能，建立手机智能巡查系统，实现巡查计划生成、事件处理、统计分析等信息化集成，加强对巡查人员的管理力度和处置管网现场隐患事件的水平。

新增第三方施工工地上报：发现新的第三方施工工地后，巡查员需要使用手机端对该工地信息进行上报；需要手动填选的内容，要求信息明确，如实反映现场情况，以方便工地巡查员了解现场情况。现场照片需清晰，在条件允许的情况下，需要对工地全貌和管线周边的重点施工部位进行多次拍照并上传。

第三方施工工地管理：工地巡查员和管线巡查员必须如实勾选工地动态及该工地当次管理内容；一级工地每次到场后应拍摄管线周边的施工情况；二级、三级工地在燃气管线周边施工没有发生变化的情况下，可不必对现场情况进行拍摄。

信息安全管理：在雷雨天气、网络信号异常或 GPS 信号异常、手机丢失、手机送修且没有备用机或备用卡的情况下，手机端使用人员可暂停使用手机巡查系统，同时电话告知班组长，作业记录采用纸质记录表格；手机设备序列号应与巡查员绑定，系统登录采用身份验证及设备序列号验证，防止程序及数据被复制利用；手机被盗或丢失时，巡查员应第一时间通知调度中心相关人员，注销其手机卡。

3. 积极推进信息化技术应用

燃气企业应主动结合国家“互联网+”发展战略，利用现代科技手段，自主开发功能完备的调度指挥系统体系，包括 GIS 系统、智能手机巡查系统、SCADA 系统、气量管理系统和完整性管理系统 5 大系统，实现对全市天然气输配系统运行状态、抢修车辆、巡查情况的实时监控，能够对系统进行遥测、遥调、遥控，在紧急情况时能及时切断事故点两端阀门。

充分利用完整性管理系统管道保护模块，进一步深化第三方工地的动态管理，对可以结束的要求尽快结束，对工地级别及时根据情况调整，提出高风险工地的分类，并从班组到部门加大该类工地的管控。

4. 进一步加大管网保护宣传培训力度

燃气企业可每月开展一次安全宣传及工地安全培训活动，不定期地开展对地铁、水务等施工单位的专题培训，加强其保护燃气管道的综合能力。

5. 建立管道保护预警联动机制

燃气企业应主动与物业管理、地铁、供电、通信等单位建立联络预警机制，加强日常沟通协调。例如深圳市政府推出的执法队保护模式，协助企业处理工地拒签保护协议、不配合落实保护措施等行为，有力地促进了燃气管道保护工作的开展。

5.3 本体缺陷修复技术

燃气企业按照管道内检测中发现的危险缺陷的类型，确定缺陷点维修的先后顺序时间表。其中，管体缺陷可分为二级、三级、四级。缺陷的级别越高，其风险越大，其中：四级缺陷指复杂缺陷以及危险迹象严重的缺陷；三级缺陷指危险迹象较严重的缺陷；二级缺陷指危险迹象表明在下次检测之前，不会引发事故的缺陷。如危险迹象表明缺陷处于失效点则应立即启动维修响应程序，并依据石油天然气行业规范和有关国家标准要求，选择常用的油气钢质管道管体缺陷修复方法(主要有永久修复和临时修复两种)。

1. 无泄漏缺陷或破坏的永久修复

可采用如下方法：

(1) 切除管道；

(2) 通过打磨去除缺陷(只有非刻痕缺陷)；

(3) 通过堆焊金属修复外在腐蚀引起的金属减薄；

(4) 使用 A 型套筒或环氧钢壳技术；

(5) 使用 clock spring(只用于外部腐蚀引起的金属减薄)；

(6) 开孔封堵。

2. 泄漏的永久修复

可采用如下方法：

(1) 切除管道；

(2) 使用 B 型套筒；

(3) 开孔封堵。

3. 临时修复

可采用如下方法：

(1) 使用带螺栓的夹具；

（2）使用泄漏夹具；

（3）对内部腐蚀使用 A 型套筒；

（4）对外部腐蚀使用 clock spring；

（5）对于电阻焊或闪焊焊缝熔合线上的缺陷使用 B 型套筒。

由于管道本体缺陷造成的最大风险是泄漏穿孔或爆管，严重威胁管道安全运行，因此燃气企业应重点关注，并分级制定修复措施。其中，常用的处理措施有复合材料修复、钢质环氧套筒修复（见图 5-4）、B 型套筒修复（见图 5-5）、安全评估等，具体可参考《埋地钢制管道管体缺陷修复指南》（GB/T 36701—2018）。修复完成后，需现场检验合格，方可进行防腐和回填工作。同时，在数据管理系统中，通过派发工单和跟踪记录维修过程，对内检测缺陷数据、修复数据进行闭环管理。

图 5-4 钢质环氧套筒修复

图 5-5 B 型套筒修复

5.4 自然地质灾害防治技术

城镇燃气管线基本沿市政走廊敷设，根据敷设环境，分为山地管线和市政管线。其中，山地管线穿跨越地段多为沟壑、山地，地形起伏，地质环境复杂，存在较大的地质灾害风险。建议委托专业单位进行管道沿线的专项地质灾害调查工作，通过调查对高原山地整体情况进行全面的摸底和分析，对管道沿线可能遭受的地质灾害类型及危险性作出初步评价，确定地质灾害点数量，按照危险性等级，依次分为三类：危险性大、危险性中等、危险性小。对调查发现的地质灾害隐患，燃气企业可采取以下整改及管理措施。

1. 加强日常巡查管理

对山地管线进行日常巡查时，除班组人员定期巡查外，可委托专业保安公司进行徒步巡查，以增加巡查频率。在暴雨及台风等极端天气过后可采用无人机进行专项巡查（见图 5-6），及时跟进地质灾害敏感点的变化情况。小型多旋翼无人机巡查具有较好的巡查

图 5-6 无人机巡查

效果，一方面可用于紧急事件和暴雨等极端天气过后的专项勘察，另一方面可对山地管线分段定期巡查，全面收集各边坡图像，更好地完善完整性管理系统地质灾害模块信息采集任务。另外，需定期委托专业地勘单位开展地质灾害普查，辨识线路各类地质灾害敏感点并提出整改意见，及时安排治理。

2. 地质灾害智能监测

以某城镇燃气公司为例，经初步调查，该公司已在对应的高压管线沿线9处重点边坡安装了21个地质灾害监测点(见图5-7)，地质灾害监测与预警管理系统投用至今运行状态良好，对地质灾害防治工作起到了很好的监测预警作用。此外在管道完整性管理系统中开发了地质灾害防治模块，监测数据可与管道完整性系统实现无缝对接，同时也可将边坡及地质灾害敏感点跟进、治理情况一并录入系统，实现闭环管理。

图5-7　地质灾害监测点安装

3. 工程治理

根据高压管线地质灾害调查报告及工程师建议，共确定23处危险性较大的危险边坡需工程治理，截至目前该公司已自行完成15处危险边坡的治理工作(见图5-8)，剩余8处未整改。其中1处公司已制定专项计划自行治理，其余7处已报送辖区政府或责任单位(道路施工单位)，分别由辖区街道办或道路施工单位负责治理。公司已建立危险边坡隐患台账并设专人负责跟踪协调。

图5-8　工程治理

5.5 水平净距不足隐患整改技术

以某城镇燃气公司为例，随着城市的高速发展，2014～2015 年通过中国安全生产科学研究院普查及该公司自查，共发现次高压管线有 236 处管段与建、构筑物间距不满足 GB 50028《城镇燃气设计规范》的要求。水平净距不足隐患会导致管道运行管理工作存在合规性风险，该公司高度重视并全力推进隐患整治工作，对排查发现的隐患制定了专项整治工作方案，研究制定整改措施，落实责任人、时间和整改要求，并制定了应急预案。同时将相应隐患详细信息录入完整性管理系统(见图 5-9)，对隐患治理过程进行闭环管理。

图 5-9 完整性管理系统水平净距不足隐患信息

为此，该公司一是建立台账，逐单复核。通过建立隐患台账及专项应急预案，并组织班组巡线人员与部门工程师一同到现场，对水平间距不足隐患进行实际测量，逐单复核，从而消除部分测量存在误差的隐患。二是协调拆除。通过自行协调或上报辖区政府协助，拆除不满足间距要求的违法建构筑物及临时板房，并将此工作作为班组日常重点工作，持续跟进协调。三是补强评估，增加壁厚。该公司委托中国特种设备检测研究院对采用补强增加壁厚消除水平间距不足隐患的方式进行了合规性和可行性评估，评估结论是：综合补强修复方法能增强管道安全且次高压燃气管道间距满足规范要求，采用复合材料补强修复方法增强管道安全性是可行的，且能增强管道安全等级，进而有效防护管道，以满足《城镇燃气设计规范》的要求。四是风险评估。委托有资质的专业单位进行水平间距不足隐患的风险评估，通过建立水平间距不足隐患风险评估模型，对失效概率和失效后果进行风险计算和分级，再依据评估结果采取有效应对措施降低或消除风险。

根据完整性管理系统跟踪记录情况，截止到 2018 年 1 月 31 日，已通过采取现场复核、协调拆除(见图 5-10)、增加壁厚补强(见图 5-11)以及委托中国特种设备检测研究院进行安全风险评估等措施累计整改 191 处，尚剩余 45 处待整治。

对于剩余未整改隐患，该公司采取加强巡查巡检、开展防腐层及电位检测及与业主签订安全承诺函等方式确保燃气管道及周边环境的安全。同时在管道完整性管理平台建立水平净距不足隐患管理模块，将水平净距不足隐患的巡查、协调、安全宣传及整改情况一并录入系统，实现闭环管理。

图 5-10　协调拆除

图 5-11　增加壁厚补强

5.6　人员管理培训及安全教育

根据国家安全生产监督管理总局令第 80 号《生产经营单位安全培训规定》的相关要求，燃气企业需开展职业安全教育培训，具体可分为三类，即职业安全健康教育、岗前职业安全健康教育、特种作业安全健康教育。

职业安全健康教育是指对企业主要负责人、安全管理人员进行的安全培训以及对其他员工进行的岗前职业安全健康教育培训、特殊职业安全健康教育培训及其他教育培训。

1. 企业主要负责人安全培训

培训内容包括：

(1) 国家安全生产方针、政策和有关安全生产的法律、法规、规章及标准；

(2) 安全生产管理基本知识、安全生产技术、安全生产专业知识；

(3) 重大危险源管理、重大事故防范、应急管理和救援组织以及事故调查处理的有关规定；

(4) 职业危害及其预防措施；

(5) 国内外先进的安全生产管理经验；

(6) 典型事故和应急救援案例分析；

(7) 其他需要培训的内容。

2. 企业安全管理人员安全培训

培训内容包括：

（1）国家安全生产方针、政策和有关安全生产的法律、法规、规章及标准；

（2）安全生产管理、安全生产技术、职业卫生等知识；

（3）伤亡事故统计、报告及职业危害的调查处理方法；

（4）应急管理、应急预案编制以及应急处置的内容和要求；

（5）国内外先进的安全生产管理经验；

（6）典型事故和应急救援案例分析；

（7）其他需要培训的内容。

3. 岗前职业安全健康教育

岗前职业安全健康教育是指对其他新进集团公司的员工和转岗员工在上岗前进行的职业安全健康教育与培训。

"应知"的培训内容包括：

（1）国家、行业有关职业安全健康的法规、法令；

（2）企业安全生产管理制度、管理架构与管理流程；

（3）企业制定的消防安全管理办法和抢险应急预案；

（4）企业生产作业操作规程；

（5）企业劳动保护制度。

"应会"的培训内容包括：

（1）规范地进行安全生产操作；

（2）辨识岗位危险状态，紧急情况下报警、抢险、急救及自救逃生；

（3）正确使用配备的消防设施；

（4）正确使用配备的劳动保护设施与用品。

4. 特殊职业安全健康教育培训及其他教育培训

特殊职业安全健康教育培训及其他教育培训是指对特种作业人员和特定岗位人员进行的职业安全健康教育与培训。

培训内容包括：

（1）各单位教育培训部门负责组织开展特殊教育培训工作，安排特定岗位人员资质的申报、复审及继续教育等工作；

（2）特种作业人员、特种设备管理人员、特种设备操作人员、消防监控人员应参加有关部门主办的安全技术培训和考核，取得特种作业证；

（3）从事技术岗位的员工应进行技术等级培训和职业技能鉴定，取得初级以上技术等级证(国家职业资格证)；

（4）从事生产一线作业岗位的员工应根据相关规定，经考核合格后取得上岗资格；

（5）其他特定岗位人员可采取外送培训和自办培训相结合的办法，使特定岗位的人员持法规、法令规定的证件上岗。

第 6 章　城镇燃气管道风险检测监测技术

城镇燃气管道完整性管理技术主要分为管道危害识别与风险评价技术、管道完整性检测与评估技术、管道抢维修技术、管道监测技术、站场设备风险评价技术、站场设备检验与监测技术等 6 大类、28 小类，如图 6-1 所示。

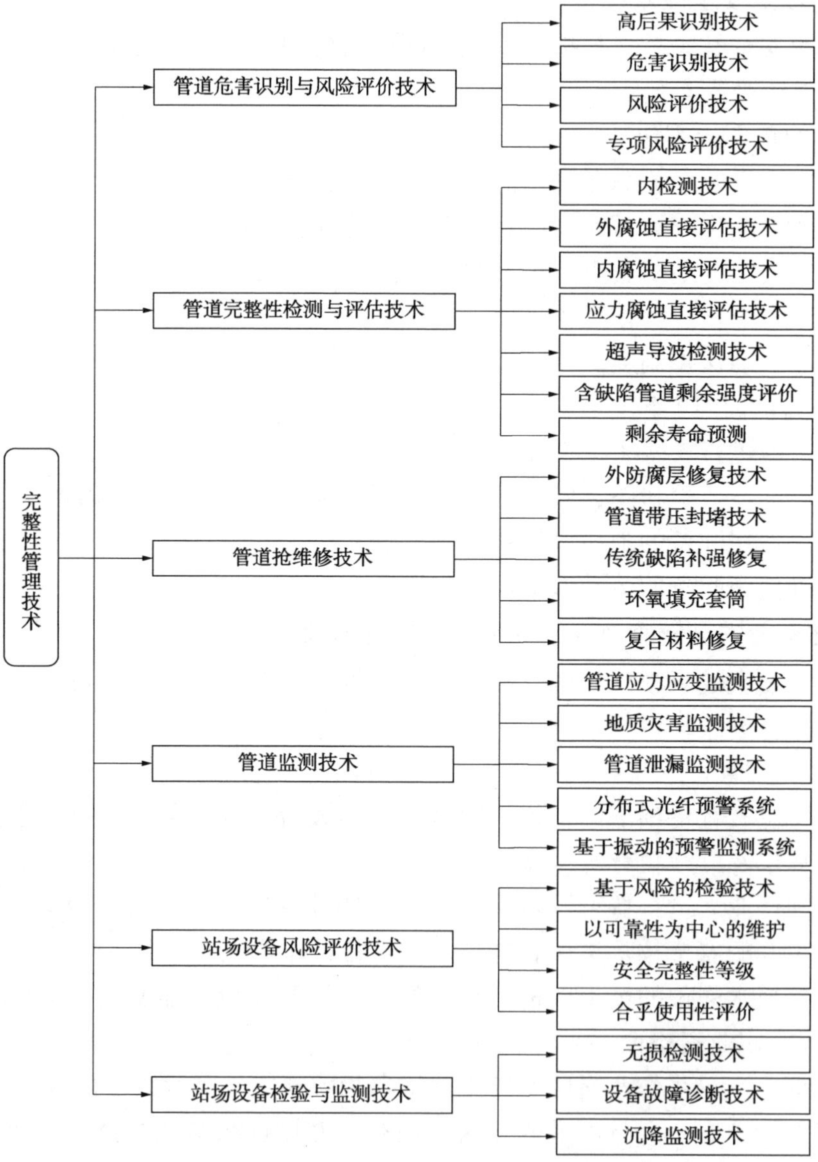

图 6-1　城镇燃气管道完整性管理技术体系结构

石油天然气的管道运输具有运量大、不受气候和地面其他因素限制、可连续作业以及成本低等优点，已广泛应用于城市发展、能源供应、石油化工的基础设施和人民生活的基础条件等领域，由于管道所经地区工程建设活动频繁，人口和重要构筑物密集，一旦发生泄漏等事故，往往引发爆炸、火灾或中毒等灾难性事故，造成人民生命财产的重大损失，并引起严重的环境污染事件，社会影响恶劣。《中华人民共和国特种设备安全法》《中华人民共和国石油天然气管道保护法》要求管道企业应当定期对管道进行检测，加强管道安全管理。

在管道安全管理中，管道检测是保证管道安全的基本手段，根据检测方式不同，管道检测技术划分为内检测技术、外检测技术、高频导波技术、泄漏监测技术、光纤预警技术、地质灾害监测与预警技术、阴极保护智能远传监测技术、手机智能巡查巡检技术等。

6.1 管道内检测技术及应用

由于城市燃气管线周边人口密度大，构筑物较多，尤其是大城市地铁及电气化铁路分布广泛，杂散电流干扰严重，存在严重杂散电流腐蚀隐患。通过管道内检测可发现管道变形、腐蚀、机械损伤、制造安装等相关缺陷，可及时掌握管道本体缺陷的状态，为制定相应的维护维修方案提供科学依据，确保管道安全稳定运行。

6.1.1 管道内检测技术

管道内检测技术(俗称智能PIG)以管道输送介质为行进动力，通过在管道内运行检测器实现对管道在线无损检测的目的。内检测技术主要包括管道超声波内检测、涡流内检测、磁记忆内检测、测绘系统内检测、电磁超声内检测和漏磁内检测，其中漏磁内检测技术是应用最广泛、技术最成熟的铁磁性管道缺陷检测技术。

1. 超声波内检测

超声波内检测主要是利用超声波脉冲反射波来检测管道的内外壁金属损失缺陷。当脉冲超声波通过液体耦合介质入射至被测管壁界面后，超声波碰到管道的内壁和外壁时能反射回来，通过测定这两个脉冲的时间间隔即可直接测出实际壁厚。图6-2为超声波检测示意图。

超声波内检测与漏磁内检测、涡流内检测等其他内检测技术方法相比较，其优点在于超声波内检测不受管壁厚度影响，可以检测大厚壁管道，同时超声波内检测对管壁裂纹类金属损失缺陷比较敏感。但是超声波内检测也有自身的缺点，比如超声波内检测只适用于输送液体介质的管道，而对天然气管道内检测，超声波方法就不再适用，并且超声波内检测因自身耦合原因，对管壁内部环境要求较高，相比漏磁内检测方法，具有一定的局限性。

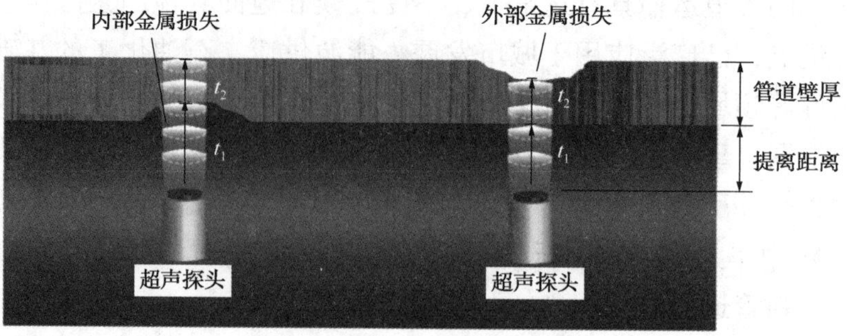

图 6-2　超声波检测示意图

2. 涡流内检测

涡流内检测是利用电磁感应原理，通过检测管壁内部感生涡流的磁场变化来判断管道壁厚是否产生金属损失缺陷。图 6-3 为涡流检测原理图。涡流智能清管器能自动检测出金属损失缺陷区域，并同时记录金属损失缺陷位置，其对内腐蚀凹陷的深度测量精度约为 1.5mm。

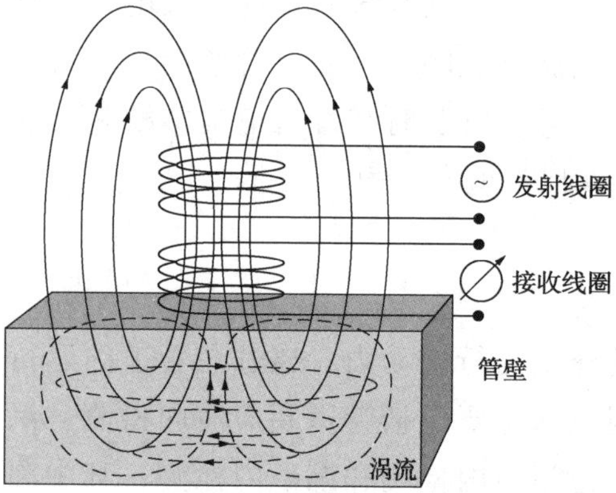

图 6-3　涡流检测原理图

涡流内检测的优点是适用于检测有色金属和多种黑色金属，对管壁内部裂纹、局部腐蚀有很强的检测效果。但涡流内检测只能用来检测管壁内表面的金属损失缺陷，对管道的壁厚有一定的局限性，与超声波内检测一样，对管壁内部环境要求比较高。

3. 磁记忆内检测

金属磁记忆技术属于新技术领域，它通过记录地磁场作用下金属构件表面的漏磁场信息，对构件微观缺陷和应力与变形集中区进行辨识，其最大特点是快速、准确、方便，既可检测宏观缺陷又可检测微观缺陷，主要用于疲劳预测和安全评价。

磁记忆内检测对于管道早期损伤具有独特的敏感性，具有低功耗、高灵敏度、非接触、无磁化和对管道清管次数要求低等优点。其主要原理是在地磁场和工作载荷的共同作用下，金属构件的应力与变形集中区域产生不可逆的磁状态变化，在缺陷表面形成反映构件应力分布情况的自有漏磁场，通过对自有漏磁场信息的检测与信号特征分析，可以对管段的应力集中程度以及是否存在微观缺陷进行评价，从而能有效地避免由于意外疲劳损伤而引发的管道恶性事故。

采用磁记忆内检测技术对管道进行检测时不需要专门的磁化设备，检测灵敏度高。结合金属磁记忆检测的特点，利用管道机器人搭载磁记忆检测仪进行管道检测，可以发现管道的应力集中区域和早期缺陷，为管道主动维修提供早期预报，对预防管道泄漏等恶性事故的发生，保障油气管道的安全运行具有非常积极的意义。

4. 测绘系统内检测

管道测绘仪是用于测量管道地理和几何信息的关键测量仪器。管道测绘系统(IPSS)则是采用惯性导航技术的新一代管道测绘仪器。惯性导航系统是一种自主性强、隐蔽性好、精度高的导航定位系统。近年来，随着现代控制理论、计算机技术以及惯性测量技术的迅速发展，使得以惯性导航系统为主，采用其他外部信息来辅助和加强自主式系统的组合测量技术得到了很大的发展，并获得了广泛的应用。为了更好地满足石油天然气管道铺设和监控的需要，对高精度管道测绘系统的需求越来越迫切，IPSS 系统的研制可为解决此问题提供很好的解决方案。图 6-4 是管道测绘内检测器。

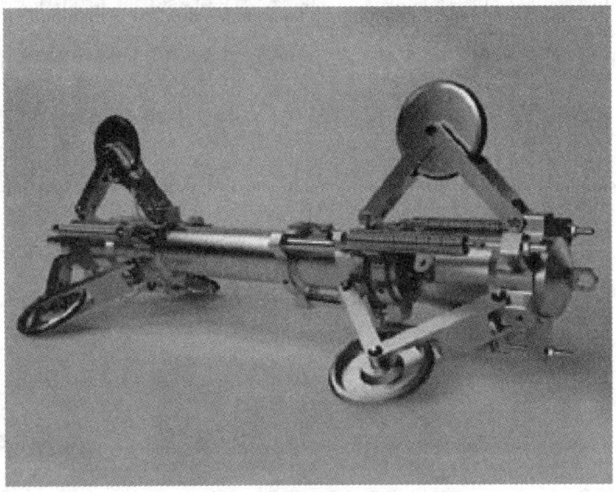

图 6-4 管道测绘内检测器

惯性管道测绘仪的工作原理为：IPSS 系统采用以光纤捷联式 INS 为基本测量单元、以里程仪和 GPS 地标为辅助进行组合测量的方式，完成系统测绘功能。基于光纤陀螺的惯性管道测绘系统突出的优点是其工作特性不受磁场或附近磁场的干扰，在任何情况下的管道中都可以使用。

5. 电磁超声内检测

电磁超声内检测是通过磁致伸缩原理来实现电磁超声在铁磁性材料中的发射和接收，从而完成管道检测。电磁超声技术克服了传统超声检测要求被检管道表面光滑度高、需要耦合剂等缺点，集合了电磁测量方法的非接触及超声测量方法的精度高和厚度大的优点，可有效实现长输油气管道裂纹和涂层剥离的在线检测。图 6-5 为电磁超声内检测器，探头发出的电磁波在管壁内传播，当管壁材质均匀时探头只接收到衰减的电磁波信号，当管壁存在裂纹和涂层剥离时产生干扰波，以此来判断管壁裂纹和防腐层状况。

图 6-5 电磁超声内检测器

6. 漏磁内检测

漏磁内检测主要是通过测量被磁化管段的漏磁通量来实现管道检测的。漏磁内检测根据励磁方式的不同可以分为轴向励磁、周向励磁和旋转励磁三种方式。其中轴向励磁应用最广泛、技术最成熟，轴向励磁依靠平行管道轴线的磁化场实现检测，主要用于检测管体存在的焊缝缺陷、机械损伤、腐蚀凹坑、周向狭窄裂纹等缺陷；周向励磁依靠环绕管道(周向)分布的磁化场实现检测，周向励磁对轴向狭窄裂纹缺陷非常敏感，现场检测时可用于弥补轴向励磁检测的不足；旋转励磁结合了轴向励磁和轴向励磁的优点，通过产生的螺旋磁场实现各个方向狭长裂纹的检测。图6-6示出了这三种励磁内检测器。

(a)轴向励磁内检测器

(b)周向励磁内检测器

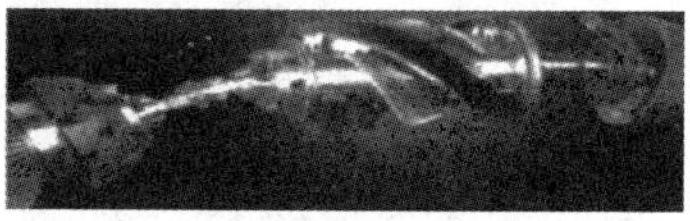
(c)旋转励磁内检测器

图6-6　漏磁内检测器

管道超声波内检测、涡流内检测、磁记忆内检测、测绘系统内检测、电磁超声内检测和漏磁内检测等技术中，漏磁内检测是应用最广泛、技术最成熟的铁磁性管道缺陷检测技术。

6.1.2　管道内检测技术应用

常规清管主要是为了清除管道内沉积杂质、验证管线检测器的通过能力，为智能检测器提供通过依据；智能检测主要是通过变形检测和漏磁腐蚀检测两项工作来掌握管道的变形情况以及内外腐蚀、制造安装缺陷、机械损伤及其他管道金属异常等方面的情况，并根据对检测数据结果的分析，对管道进行完整性及安全性分析评估，为制定相应的整治维修方案提供必要的依据。

城镇燃气公司管道内检测技术的工程实施通常包括以下几个部分：①前期勘察；②泡沫清管器清管；③几何测径清管器清管；④磁力钢刷清管器清管；⑤管道几何变形检测；⑥高精度管道金属损失检测；⑦提供检测数据评估结果和出具最终检测报告。

1. 前期勘察

确定管道内检测实施对象之后，首要的任务就是通过管道调查，了解被检测管道基本的情况。通过对管道进行深入细致的调查，制定管道清管检测实施方案。管道调查内容主要包括工艺参数、清管历史、穿跨越信息、管道附件信息、三通与阀门信息、收发球筒情况。对所施工标段进行仔细踏勘设标，原则上设标密度为1km；对于管道穿跨越、阀室等特殊地段加密设标，其目的是在投运清管器、变形检测器和漏磁检测器时，根据设标点进行地面定位跟踪，以便密切掌握清管器及检测器的运行情况，同时也为检测出的缺陷点定位提供准确依据。

2. 清管作业

管道清管作业主要包括泡沫清管器清管、几何测径清管器清管、磁力钢刷清管器清管。管道前期清管是为了满足智能检测器数据采集的需要，必须进行更干净彻底的清管。因此必须依据管道调查结果，结合管线运行的特点和难点，以及 SY/T 5922—2012《天然气管道运行规范》、SY/T 5536—2016《原油管道运行规程》和企业有关安全生产管理规定，制定有针对性的管道清管方案。

清管器的选型和投放次数是清管作业成功的关键，管道清管作业应避免由于一次性清出杂质过多造成卡堵，因此要遵循循序渐进的原则。采用清管能力由弱到强、通过能力由强到弱的顺序，分批次将管道内杂质清除干净。一种类型的清管器在其清出的杂质量明显减少的情况下，才可以更换清管能力更强的另一种类型的清管器。最终的清管效果确认要根据管道的实际情况确定，须满足发送检测器要求。

3. 管道几何变形检测

在管道清管作业之后，还将进一步确定管道的通过能力，几何变径内检测器(见图 6-7)将实现管道几何变形情况下的几何尺寸测量，同时确定管道是否可以进行漏磁检测，若不满足要求，要进行管道维修。

根据管道几何变形检测数据进行初步分析，判断被检测管线是否存在影响高分辨率漏磁检测器安全运行的超限几何变形。如存在，需进行改造以满足安全要求。

4. 漏磁检测作业

在漏磁检测前，清管作业应已通过评估，并在清管作业之后实施了几何变形检测，确保管线不存在影响漏磁检测器通过的最大几何变形。

漏磁检测前应严格按照操作规程对漏磁检测器进行调试，确保其在管道中的工作状态良好。漏磁检测器发球如图 6-8 所示。在漏磁检测作业的跟踪过程中需严格按照地面设标点进行设标跟踪，在穿跨越、阀室等特殊设标点需监测检测设备的运行情况，确保发生卡堵后能迅速判断其位置，并采取相应的应急处理措施。漏磁检测器回收后读取检测数据，评估检测数据的完整性，并通过现场开挖验证确定严重金属损失点、金属损失密集点或其他类型缺陷等。

图 6-7　几何变径内检测器

图 6-8　漏磁检测器发球

管道内检测工作相关过程记录资料录入完整性管理系统本体缺陷功能模块，实现过程资料的信息化和可溯化管理，如图 6-9 所示。

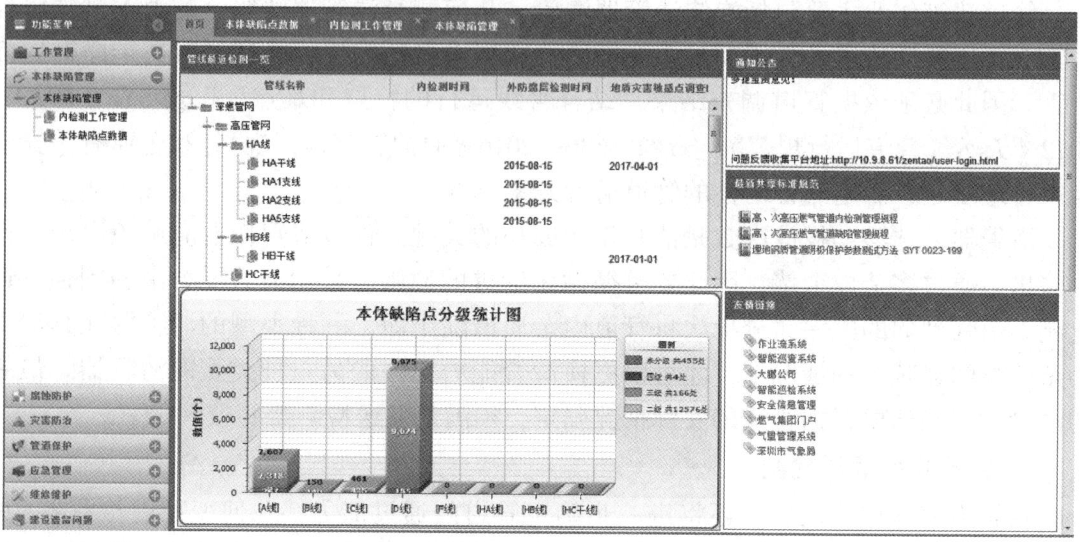

图 6-9　某城镇燃气公司管道完整性管理系统

管道内检测报告数据按照完整性管理体系要求的数据内容和格式录入完整性管理系统本体缺陷功能模块。参照企业标准《高压、次高压燃气管道本体缺陷管理响应规程》的要求，利用管道完整性管理系统按管道缺陷类型及大小深度自动分为二级、三级、四级缺陷，为管道维修维护提供重要依据。

例如某城镇燃气公司根据内检测数据分析报告，发现管道本体缺陷 12951 处，其中四级缺陷(严重需修复缺陷)共计 38 处(其中金属损失缺陷 13 处，变形缺陷 17 处，环焊缝异常 8 处)。该公司根据企业标准要求制定修复计划和方案，开展相应缺陷修复工作，先后采用复合材料修复、夹具注环氧、B 型套筒、安全评估等方式修复处理管道本体缺陷。

6.2　管道外检测技术及应用

根据《中华人民共和国特种设备安全法》(2014 年 1 月 1 日执行)和《压力管道定期检验规则——公用管道》(TSG D7004—2010)相关规定，高压、次高压燃气管道应进行全面检验，全面掌握管道敷设环境、防腐(保温)层状况、阴极保护系统和腐蚀防护系统状况。

6.2.1　管道外检测技术

管道外检测一般包括管线敷设环境调查、防腐(保温)层状况不开挖检测、管道阴极保护有效性检测、开挖直接检验等。

1. **管线敷设环境调查**

管线敷设环境调查一般包括环境腐蚀性检测和大气腐蚀性调查。对可能存在大气腐蚀环境的跨越段与露管段，应按照国家标准或者行业标准的规定进行大气腐蚀性调查。环境腐蚀性检测包括土壤腐蚀性检测以及杂散电流测试。一般情况下，土壤腐蚀性检测主要对土壤电阻率、管道自然电位、氧化还原电位、土壤 pH 值、质地、含水量、含盐量、氯离子含量等参数进行测试。

土壤电阻率测试采用 MI2088 接地-绝缘测试仪，其工作原理就是仪器内部有一个电桥电路，当把参数设置好并把导线连接到距离相等的四根接地桩后，仪器可以自动运算使电桥重新达到平衡，并在仪器上显示出土壤电阻率数值(见图 6-10)。土壤电阻率的大小直接反应土壤环境的腐蚀程度强弱，当土壤电阻率小于 20Ω · m 时土壤腐蚀性为弱，在 20~50Ω · m 之间时土壤腐蚀性为中，大于 50Ω · m 时土壤腐蚀性为强。

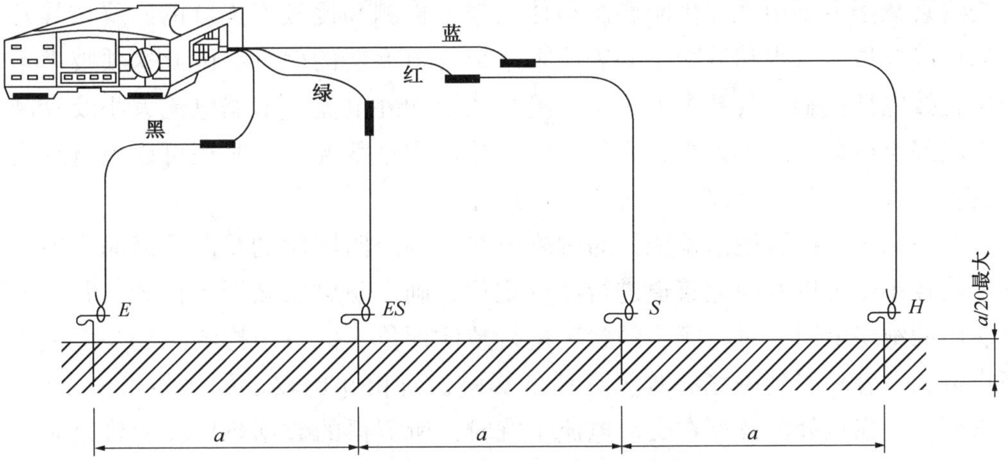

图 6-10　土壤电阻率测试示意图

杂散电流干扰分为直流干扰和交流干扰。直流干扰源有直流电气化铁路、电车装置、直流电网、直流电话电缆网络、直流电解装置、电焊机及其他构筑物阴极保护系统等，交流干扰源有高压线交流电力线路设施和交流电气化铁路设施等。

杂散电流测试一般采用 smart logger 测试仪进行检测，通过监测某一时间段内管地电位的波动大小来确定管道是否受到杂散电流的干扰。当管地电位波动值小于 50mV 时，杂散电流干扰腐蚀危害程度为弱；当波动值在 50~350mV 之间时，腐蚀危害程度为中；当波动值大于 350mV 时，腐蚀危害程度为强。

2. **防腐(保温)层状况不开挖检测**

防腐(保温)层状况不开挖检测主要采用 PCM 管道电流测绘系统对埋地管道进行检测(见图 6-11)，PCM 能在非开挖状况下对埋地管道外防腐层的破坏情况进行定性、评估，并能对管道进行精确定位、测深，解决了以前在非开挖状况下无法检验的难题。

该检测技术既可作为新竣工管道的检测、验收手段，也可对正在运行的管道进行定期监测。采用的检测方法为交流电流衰减法和交流电位梯度法。

图 6-11　PCM 管道检测示意图

交流衰减法主要用来评价防腐层整体质量、检测和比较不连续的防腐层异常。因为磁场可以穿透冰、水和混凝土等表层来采集管道涂层的信息，因此这项技术不需要与土壤直接电性接触。其基本方法是：给管线施加外电流，依据电流大小及衰减变化确定涂层漏点位置、总体大小，评价防腐层整体质量状况，同时还可以测量管道的埋深、支管位置、与其他外部构筑物的短路点等。

该方法属于非接触地面检测，通过磁场变化判断防腐层的状况，因而受地面环境状况影响较小，可以对埋地管道进行准确定位，确定防腐层破损点位置，并能分段计算防腐层的绝缘电阻，对防腐层的状况进行整体评价。但由于检测磁场是由电流的感应所产生的，容易受到磁场叠加及介质的影响，对相邻比较近的多条管道难以分辨，在管道交叉、拐点处以及存在交流电流干扰时，所测得的数据难以反应管道防腐层的真实状况。同时，该方法受到一些管道自身条件约束，比如对于一些有局部牺牲阳极保护的管道，为限制阴极保护范围而设有绝缘法兰的管段等。

交流电位梯度法简称 ACVG 法，其基本原理是：当向管道施加特定频率交流电流信号时，如果防腐层出现破损，信号电流就会从破损点处流出，并以破损点为中心形成一个球形电位场，在地面上通过对这个电位场地面投影的电位梯度进行检测，确定出电位场的中心，从而定出破损点的位置。需要注意的是，当周围的环境介质电特性出现较大差异时，该电位场可能发生畸变，从而使地面上的电位场中心偏移。

PCM+的 A 支架是用来测量两固定金属地针之间的电位差，检测时向管道中施加特定频率的交流信号，检测人员在管道上方将 A 支架地针插入地表，依据接收机上的箭头方向和 dB 值(或电流值)的大小判断破损的位置和相对大小。利用 dB 值(或电流值)的大小判断破损的相对大小时，dB 值的主要影响因素有测量处的管中电流大小、破损程度、管道埋深、土壤电阻率，其中电流大小对 dB 值的影响很大。因此，破损程度判断不能光凭 dB 值这一单项指标。

为了提高测量精度，探针必须同管线上方的土壤有良好接触。测量可在外加电流阴极保护系统通电情况下进行。使用管道定位器定位或在地面标记，以便准确记录测量数据。该方法仅能定性地检测漏点大小，在相同的信号强度下，分贝值越大说明破损越严重。该方法不能指示阴极保护效果，不能指示外覆盖层剥离，易受外界电流的干扰，依靠操作者的技能，常给出不存在的缺陷信息。

6.2.2 管道外检测技术应用

管道企业应开展周期性全面检验与合于使用评价工作，全面掌握管道沿线土壤电阻率强弱、阴极保护状况、杂散电流分布情况、防腐层整体质量状况以及防腐层疑似破损点分布情况，为管道修护维修提供科学分析依据。

具体内容包括：资料审查与危害辨识、一般性宏观检验、穿跨越管段检查、腐蚀环境调查、外防腐层的检验、管道阴极保护系统检测与评价、管道腐蚀状况检测与评价、焊缝质量无损检测、腐蚀防护系统综合评价、合于使用评价(管系应力分析、剩余强度评估、剩余寿命预测、超标缺陷安全评价)。某城镇燃气公司 2010 年完成次高压 B、C 线的检测工作，2011 年完成次高压 A、F 线的检测工作，2012 年完成次高压 D 线的检测工作，2014 年完成次高压 B、C 线第二周期的检测工作，2015 年完成高压中、西线的检测工作，2016 年完成次高压 A、D、F 线第二周期全面检测工作。

根据完整性管理系统腐蚀防护功能模块(见图 6-12)，对管辖区内所有管线实施全面检验，并将全面检验报告数据录入该功能模块，依据 dB 值(或电流值)的大小判断破损的相对大小时，dB 值的主要影响因素有测量处的管中电流大小、破损程度、管道埋深、土壤电阻率，其中电流大小对 dB 值的影响很大。因此，破损程度判断不能光凭 dB 值这一单项指标。利用管道完整性管理系统自动将防腐层破损点缺陷分为二级、三级、四级缺陷，为管道维修维护提供重要依据。

图 6-12 腐蚀防护功能模块

6.3 高频导波技术及应用

超声导波检测技术主要采用脉冲-回波的方法，其主要的工作原理是：在管道某一位置放置传感器，传感器环由一个或多个传感器探头组成，利用此传感器环在管壁中激励产生某一频率的导波，导波沿管壁轴向传播，当导波传输前方遇到管道环截面减少(如腐蚀造成的局部减薄或点蚀)时，会反射导波，利用传感器接收这些回波，通过相关的分析与计算确定缺陷在管道轴向方向的位置。目前，管道腐蚀超声导波方法主要有两种，一种是低频导波检测方法，如图 6-13 所示，激励的导波频率在 30~100kHz 之间，该方法是在管道上安放传感器环，可实现长距离、360°周向范围内管道腐蚀的 100%检测，最长一次可检测 200m 管线的腐蚀情况，但该方法导波激励频率低、波长长、检测精度相对较低，目前国内外相关检测仪器的检测精度为管道横截面积的 2%；另一种是高频导波检测方法，采用单个传感器激励，在管道内激励波束对腐蚀进行检测，激励的导波频率在 1MHz 以上，波长短，检测精度高，但检测距离短，一般在 1m 左右，该导波检测方法又分为纵向检测方法和周向检测方法，如图 6-14 所示。超声导波技术目前主要应用于管道管托支架、短管、弯头等重点管段的检测。

通常采用标准试验管道，在管道加工不同直径、不同深度的缺陷，辨别影响高频导波检测信号强弱的主要因素。

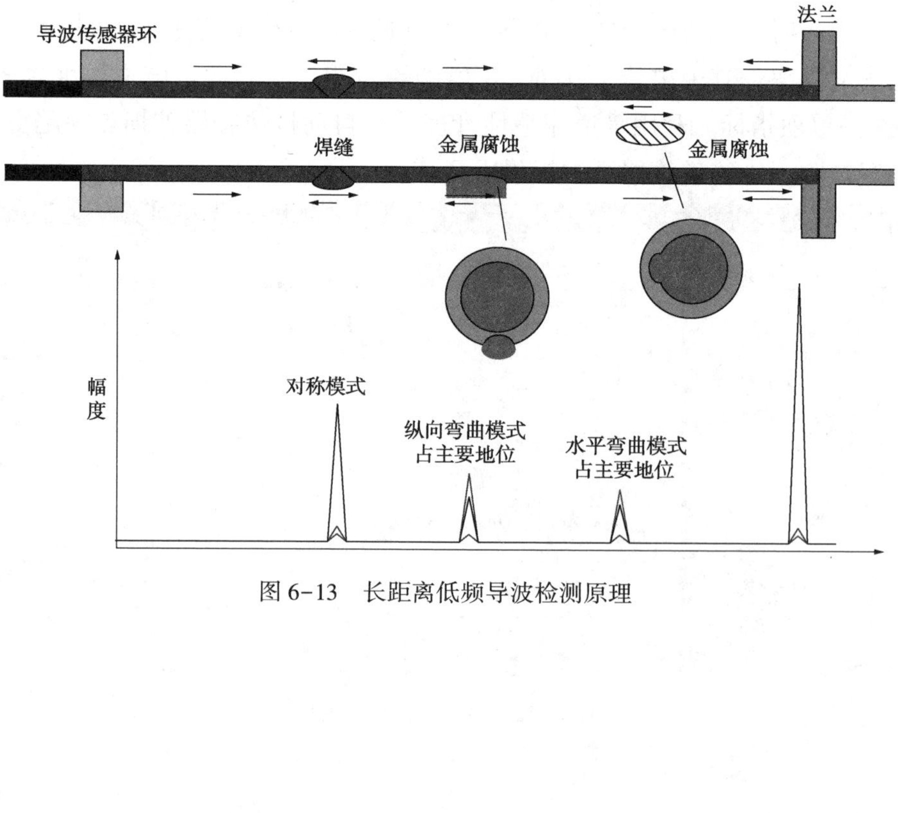

图 6-13　长距离低频导波检测原理

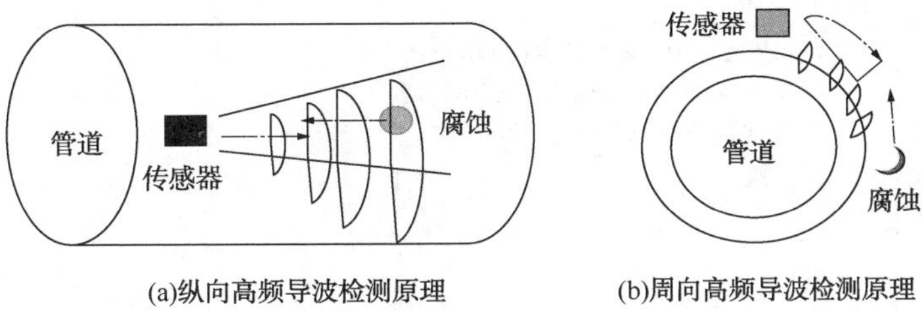

图 6-14 高频导波检测原理

6.4 泄漏监测技术及应用

由于油气管道输送介质和所处环境比较复杂且具有一定的腐蚀性，油气管道设备易产生腐蚀而造成重大安全事故，实施相应的监测可有效避免由于腐蚀而造成的危害。

SpotOn 系统是永久安装在油气管道上的腐蚀缺陷实时监测系统(见图 6-15)，可在绝大多数环境，如地下或海底等环境条件下使用，灵活地应用于涂漆、绝缘、埋地以及水下管道的无线监测，也适用于穿跨越、弯头等腐蚀多发区域。该系统可对油气资产进行实时快速的监测，提早发现潜在的危害性缺陷，为企业提供修复和维护的专家建议，确保其油气资产处于安全稳定的运营状态。

SpotOn 系统可以稳定可靠地记录被监测管段的数据信息，利用全球移动通信系统(Global System for Mobile Communications，GSM)、卫星通信、长期演进技术(Long Term Evolution，LTE)以及其他的有线或无线网络，把实时数据传输到中控室，或通过短信方式发送到用户的手机上，也可以通过客户的笔记本电脑、平板电脑和智能手机等移动设备来进行访问。

图 6-15 SpotOn 监测系统

SpotOn 监测系统采用专用的 ShieldCube 数据分析软件对监测数据进行二次处理分析，一旦达到预先设定好的阈值，系统可自动发出报警，提醒客户采取相应行动。客户还可对监测传感器进行远程控制，设定最佳的数据采集和传输间隔，最大程度地延长电池的寿命，提高检测率。

声发射是指材料局部因能量的快速释放而发出的瞬时弹性波现象。由疲劳或腐蚀所产生的塑性变形、裂纹形成、扩展等都可以产生声发射。在管道上布置传感器系统即可对管道的腐蚀和裂纹等缺陷进行监测，将来自材料本身的能量转换成声发射信号，数据可进行无线传输，以达到实时监测的目的，并对危害性的缺陷进行实时报警(见图 6-16)。

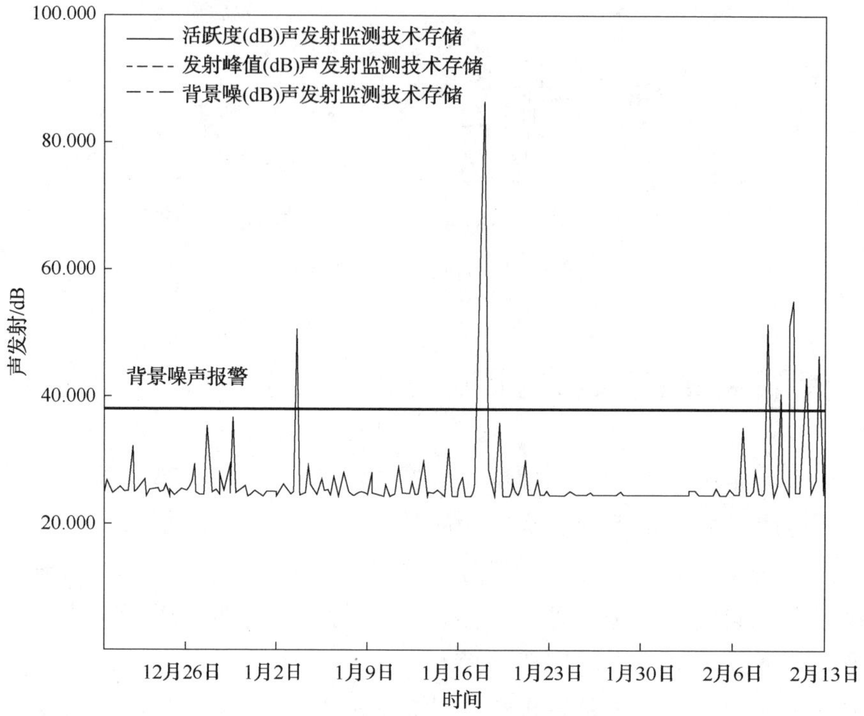

图 6-16　泄漏监测系统运行图

6.5　光纤预警技术及应用

城市燃气管道敷设环境复杂，多位于繁华地段，周边人口众多，房地产、电缆、地铁施工较多，人口活动频繁，第三方活动管理难度大，且现有的管道保护技术均为泄漏事后判断，缺少对破坏事件的预警机制。基于光纤传感技术的综合智能预警系统平台，具有管道类破坏事故的预知功能，能弥补巡线缺失，提升管道安全。

6.5.1　光纤预警技术

光纤预警是指在光纤传感器受到外界干扰影响时，光纤中传输光的部分特性就会改变，通过配置特殊的感测设备，经过信号采集与分析，就能检测光的特性(衰减、相位、波长、极化、模场分布和传播时间)变化，光的特性变化通过报警控制器的特殊算法和分析处理，区分第三方入侵行为与正常干扰，实现报警及定位功能。

光纤预警主要基于“光纤干涉仪”原理，如图 6-17 所示。为了检测微弱振动，采用两芯单模光纤构成平衡光纤干涉仪，当用相干激光器向其发射一束激光时，由这两根光纤组成的干涉仪输出干涉光信号，当光纤受到外界侵扰时，如挖掘、触碰、敲打等，则干涉光的输出波形改变，并产生干涉图像。通过光探测器可检测到这一波形变化，通过软件分析变化波形的特征，可以分辨出事件的真实情况，从而达到“入侵模式识别”的效果。

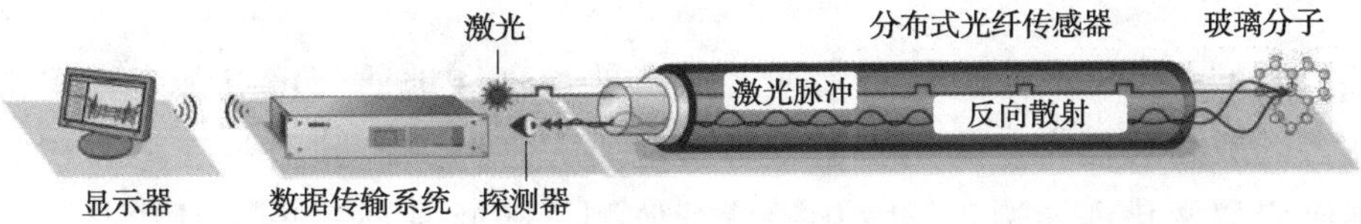

图 6-17 光纤干涉仪原理

6.5.2 光纤预警技术应用

某城镇燃气公司利用光纤预警系统探索监测高压管道。管线总长度为 8200m，全部位于市区繁华地带，周围人员活动比较频繁。考虑沿线存在着较大的背景噪声，所以选择利用相干瑞利背向散射技术的分布式光纤振动传感技术。通过安装连接分布式光纤管道预警系统，完成初始信号的接入及管道和光缆的位置对应，并进一步调整系统报警参数，做好系统测试所有准备工作。

经过多次现场模拟测试，该预警系统可有效探测管道周边施工活动，如图 6-18 所示。最终确认最大预警探测半径为 5m，定位精度误差在 10m 范围内。

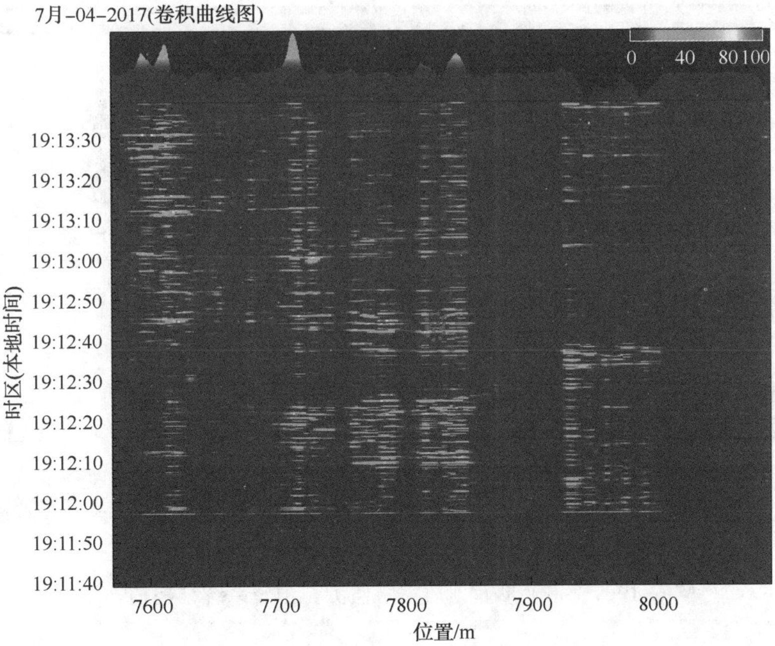

图 6-18 光纤预警效果图

6.6 地质灾害监测与预警技术及应用

油气管线分布范围非常广阔，沿途区域自然地理和地质环境复杂多样，常受到各种地质灾害的威胁和侵害。采用管道变形及地质灾害监测与预警系统可对相关管道进行管道本体应变变化和周边土壤变化的持续监测，随时掌握管道实时状况，及时发现潜在风险，提高管道安全运行效率。

6.6.1 地质灾害监测与预警技术

管道变形及地质灾害监测与预警系统利用通信网络，通过在地质灾害或其他灾害易发区域管道上及其附近埋设传感器，在无人值守的情况下，将地质活动及管道变形情况传输到上位机，当监测数值超过规定值时会自动报警，使得管理人员能够在远端及时掌握管道安全情况。管道变形及地质灾害监测与预警系统结构如图 6-19 所示。

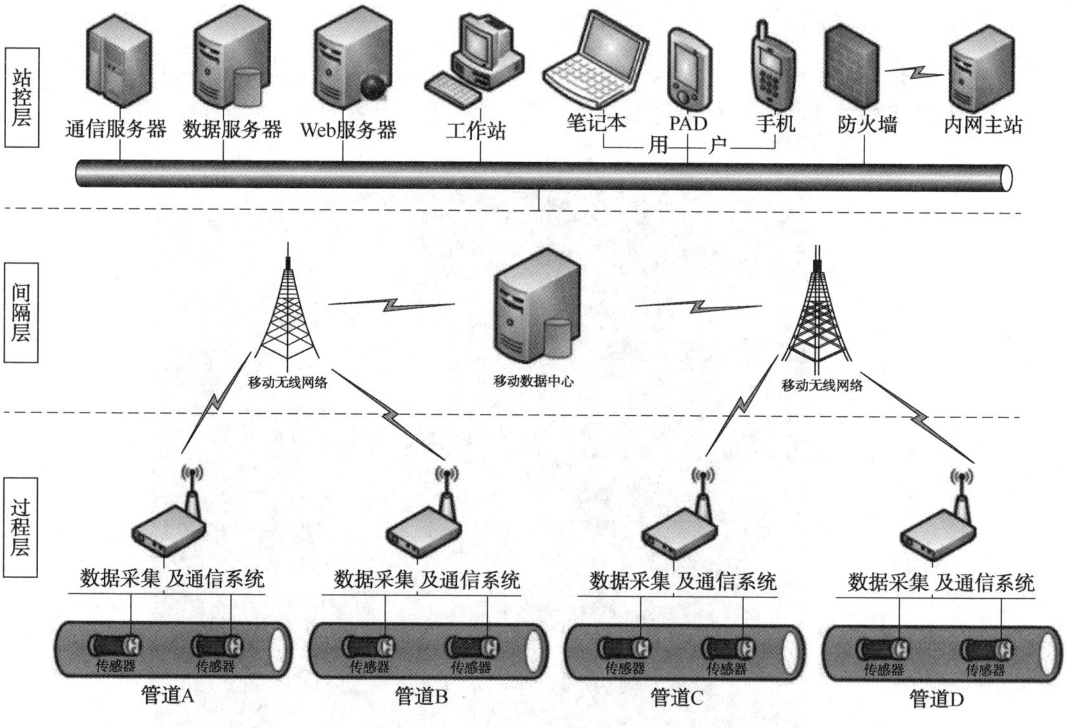

图 6-19 管道变形及地质灾害监测与预警系统结构拓扑图

该监测系统由传感器、数据采集、数据传输和监控系统软件组成。采用带测温功能的振弦应变计作为主监测传感器，将应变计固定在管道上，通过测定频率的大小反映应变的大小进行管道的变形监测。采用单轴测斜仪和土压计作为辅助监测传感器，可进行管道周边土壤状态的监测。

6.6.2 地质灾害监测与预警技术应用

Skyris 200P 多通道信号采集仪如图 6-20 所示，由多通道频率和电压采集仪、通用分组无线服务技术(General Packet Radio Service，GPRS)数传模块两部分组成，共有17 个采集通道，可以进行应变、测斜、电压、温度、电源电压等的采集。

采集系统通过太阳能充电系统供电。采用复合材料把太阳能充电系统设计成油气管道常用的标志桩形式，内置太阳能板使太阳能供电系统有强烈的伪装性，有效地解决野外供电及供电系统防盗防损坏问题。由特殊材料和工艺制成的标志桩在保证强度和抗老化性能的同时，具有良好的透光性能，满足采集系统对充电效率的要求，如图 6-21所示。

图 6-20 Skyris 200P 采集仪

图 6-21 太阳能充电系统标志桩

监控端主要由可视化管理、查询统计、报警管理及预警预报等模块组成，可实现用户权限与数据权限的灵活安全控制、监测测点和管线分布的可视化管理、应变和应力数据的直观显示、查询条件定制化管理，报警和采集策略灵活自由、预警预告方式直观多样。

该地质灾害监测与预警系统总体体积小、安装方便；功耗低，在每天采集一次数据的情况下，蓄电池可连续工作 20 天以上；数据传输可靠，智能化程度高、自纠错能力强，无需人工干预，防水防潮、抗雷击浪涌，可在恶劣工况下长期工作(见图 6-22 和图 6-23)。

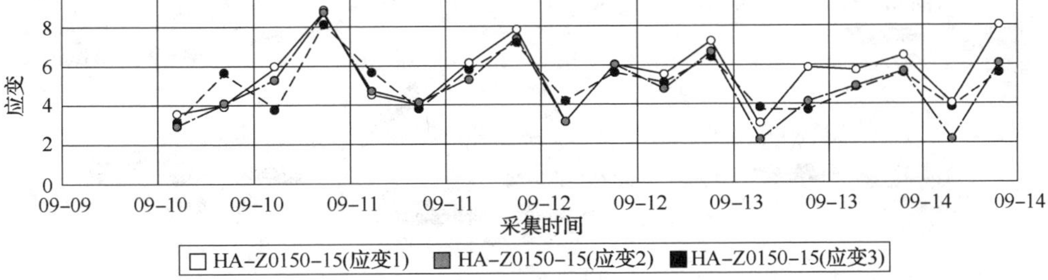

图 6-22 测点应变数据图

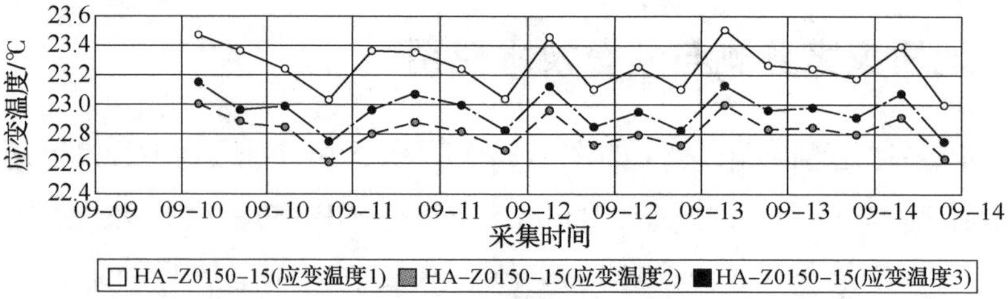

图 6-23 测点应变温度数据图

6.7 阴极保护智能远传监测技术及应用

管道的通电电位、极化电位是评价管道阴极保护效果的重要参数，但是，由于现场条件的限制以及极化电位本身较难读取等原因，难免造成人工采集数据的误差。为了准确便捷地测量和记录极化电位，采用智能远传监测技术对于保证阴极保护技术的有效实施具有重要的意义。

阴极保护智能远传监测技术采用分布式数据采集装置和 GPRS 无线通信方式，将分散的阴极保护测试桩相关数据(如管道阴极保护电位、电流)上传至数据中心服务器，进行集中分析处理和储存。数据处理中心能及时显示并将失效报警信号反映、标识其地理位置在数字地图或卫星照片上。用户不受时间和空间的限制，可在电脑上即时查看各测试桩的各种数据和图表，使天然气管网达到安全可靠运行的目的。

阴极保护智能远传监测技术目前已得到广泛应用，其系统结构如图 6-24 所示。

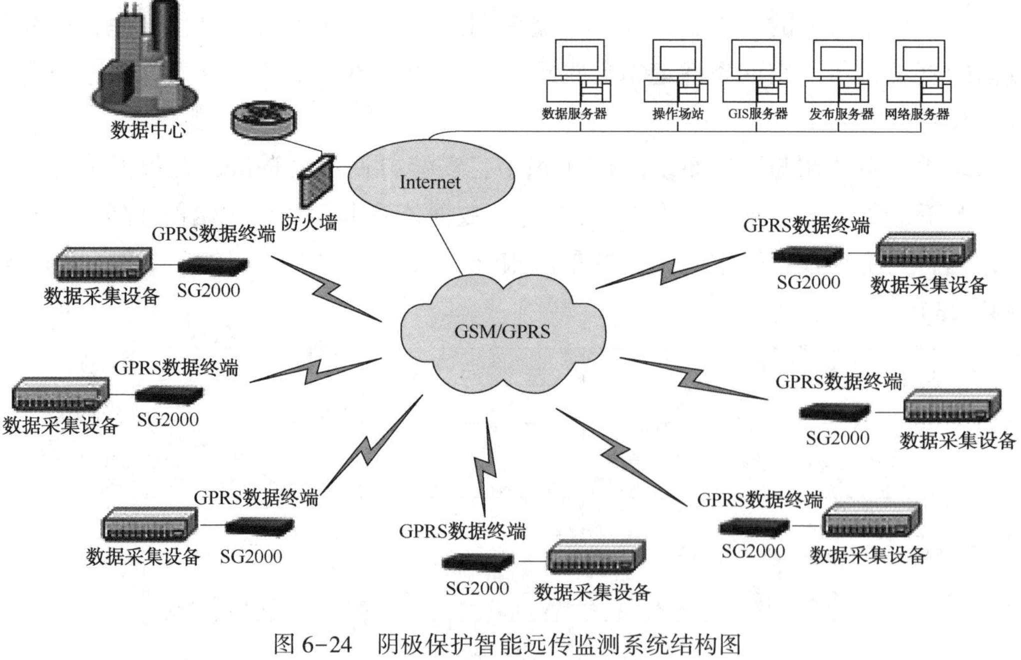

图 6-24 阴极保护智能远传监测系统结构图

6.8 手机智能巡查巡检技术及应用

为及时掌握一线巡查巡检动态，远程布置巡检任务，以提高巡查巡检效率，提升服务质量，通过应用无线网络传输技术、地理信息技术(GIS)、全球卫星定位系统(GPS)、辅助全球卫星定位系统(AGPS)、智能终端等技术和设备，建立一套燃气行业智能手机巡查巡检系统，通过智能终端完成日常巡查巡检作业。例如，将现场的事件类别信息、事件内容、事件位置、事件信息传送到公司信息处理中心，实现管道巡查巡检的可视化、精细化管理。

6.8.1 手机智能巡查巡检技术

1. 巡查技术

为有效监控管道周边施工活动和自然环境变化，及时跟踪和报告威胁管道运行安全的事件，应用无线网络传输技术、地理信息技术(GIS)、全球卫星定位系统(GPS)，开发建设了手机智能巡查系统。该系统具备巡查任务实时查询、轨迹跟踪回放功能，从而实现对管道周边施工活动和自然环境变化事件的有效监控，如图 6-25 所示。

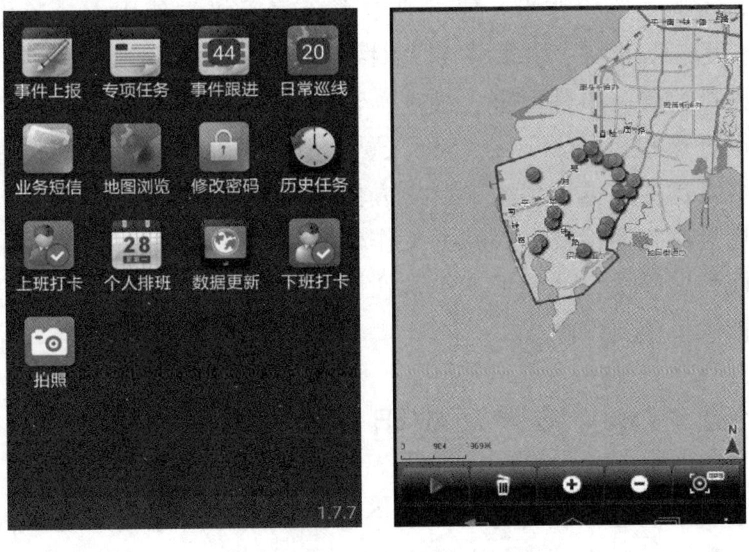

图 6-25　手机智能巡查系统

2. 巡检技术

为及时发现燃气管道泄漏事件，准确定位、实时汇报和快速处置，实现管道巡检工作的电子化和智能化，结合北斗和移动互联网技术，开发建设了燃气管网设施智能巡检系统。该系统由前端系统和后台管理系统组成，如图 6-26 所示。前端系统提供给巡检队员使用，采用安卓系统的平板电脑；后台管理系统供各巡检班组资料员、班组长和相关领导使用，主要上报巡检过程中发现的燃气泄漏紧急事故/事件以及现场相应处置情况。系统采用专门服务器支撑，保证数据传输质量和效率。

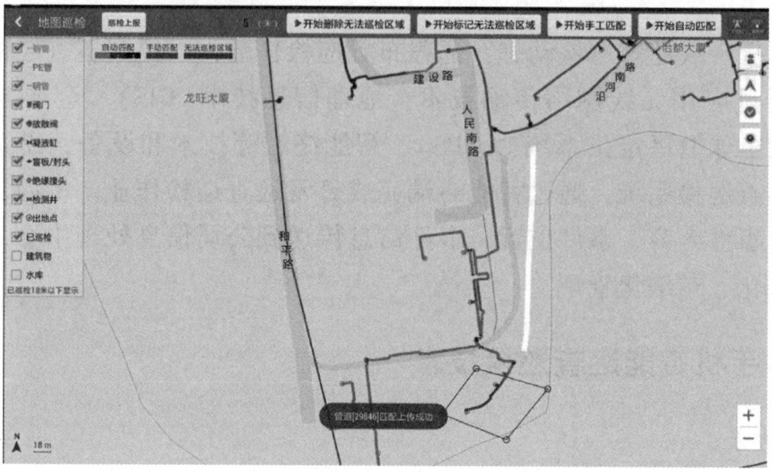

图 6-26　智能巡检系统

6.8.2　手机智能巡查巡检技术应用

使用手机智能巡查巡检技术，要求有专人负责手机端使用人员工作状态的监督、工地信息完善、更新等事务，并要求专人对手机的使用情况定期进行抽查监督，实现一线巡查巡检人员监管、事件上报、跟进、管理等功能。

手机智能巡查巡检系统将巡查巡检人员工作中的时间、地点及相关情况记录下来，并通过网络将这些数据上传至平台，方便巡查巡检人员更加科学、有效地开展有关工作。手机智能巡查巡检技术提高了工作效率和管理效率，同时大大提高了数据的准确性、及时性和多样性，杜绝了工作不到位、流于形式、走马观花的现象，为管网安全平稳运行提供了重要保障。

6.9　北斗 CORS 技术及应用

北斗卫星导航系统是中国自行研制的全球卫星定位与通信系统（GNSS），是继美国全球定位系统（GPS）和俄罗斯全球卫星导航系统（GLONASS）之后第三个成熟的卫星导航系统。系统由空间端、地面端和用户端组成，可在全球范围内全天候、全天时为各类用户提供高精度、高可靠定位、导航和授时服务。北斗卫星系统精准定位结合北斗地基增强系统，即北斗 CORS，使得定位精度可达亚米级、厘米级，满足管网精准化需要。CORS 是连续运行参考站系统（Continuous Operational Reference System）的缩写，是现代卫星导航定位技术、计算机网络技术以及无线数据通信技术相互融合的结果。目前，很多 CORS 基站是单一的 GPS 基站，不能兼容国家正在推广的北斗导航定位系统，因此迫切需要建设兼容北斗卫星系统的 CORS 站。

北斗地基增强系统是以接收北斗卫星信号为主，兼容 GPS/GLONASS 卫星信号的 CORS 系统。多星联合定位瞬时捕获的卫星可达 30 颗以上。大量实地测试证明，北斗地基增强连续运行参考站系统可广泛应用于燃气业务链的各个环节，从本质上改善了管网建设、运营、安全等业务的信息化管理能力和质量，具有广阔的应用发展前景。

6.10 车辆 GPS 监控技术及应用

6.10.1 车辆 GPS 监控技术

GPS 车辆监控系统是为了加强车辆的可视性运行管理而建立的集成系统。它采用 GPS 全球卫星定位技术、GIS 地理信息技术、移动通信技术以及计算机处理技术等构建而成，通过管理中心和车载终端来帮助使用单位实现车辆的监控调度管理。GPS 车辆监控系统主要由 GPS 卫星定位模块、移动数据传输模块（GPRS、CMDA、WCDMA 等网络）、后台系统信息系统三部分组成。

车载设备接收 GPS 卫星信号，获得车辆实时位置（经度、纬度），并向用户监管中心发送位置、行驶速度、方向和状态数据，从而使用户监管中心得知车辆动态。

后台系统对车辆采用点名查看、设置静默、单点发送、多点发送、定时发送、定距发送、报警发送等多种方式获得静态或动态数据信息，以电子地图为背景显示车辆动态与轨迹，对车辆实施监视与管理。

6.10.2 车辆 GPS 监控技术应用

超速报警：对车辆限制速度，一旦超过车辆自动报警，车上会有声音提示，系统会弹跳出报警窗口显示该车行驶超速。

越界报警：系统可对车辆的行驶范围进行设置，当车辆行驶超出所设定的范围时，系统会弹跳出报警窗口显示该车超出行驶范围，防止出现公车私用情况。

在应急抢修时，通过 GIS 系统可实时监控抢修车辆的运行情况以及地理位置，实现对抢修车辆的统一指挥调度，可以通知离事故点近的车辆在第一时间赶往现场。

6.11 Gas Tracker 技术及应用

燃气管线是城市地下管线的重要组成部分。由于 PE 管线具有抗污染性强、重量轻、造价低、不易腐蚀、易于埋设和维修等优点，目前已经越来越多地用来代替金属管线。地下金属管线的探测技术已趋于成熟，但因为 PE 管线不导电也不导磁，基本绝缘，常用的金属管线探测器无法对其探测，所以目前 PE 管线的探测仍是一个技术难题。

由于历史原因，部分年久的地下 PE 管线无图纸或图纸不准确，地面参照物改变或消失，原有地标位置不准确，造成无法获知地下 PE 管线的准确位置，当在市政管线交叉施工时，给管理和维护燃气管网安全等带来了很大的困难，给城市安全带来很大的隐患，若直接开挖费时费力，如何快速、准确、方便地探查 PE 管线，是一个世界性的难题。

法国 made 公司与法国燃气集团共同研发了 Gas Tracker 地下 PE 管线定位仪，专业用于定位燃气地下 PE 管线。Gas Tracker 地下 PE 管线定位仪的定位方法是基于一个复杂的声波传播，应用特定的传感器和复杂的信号分析软件，它能够跟踪一个 PE 埋地管线，确定管线的位置和走向。

该产品由发射装置和接收装置两部分组成，如图 6-27 所示。

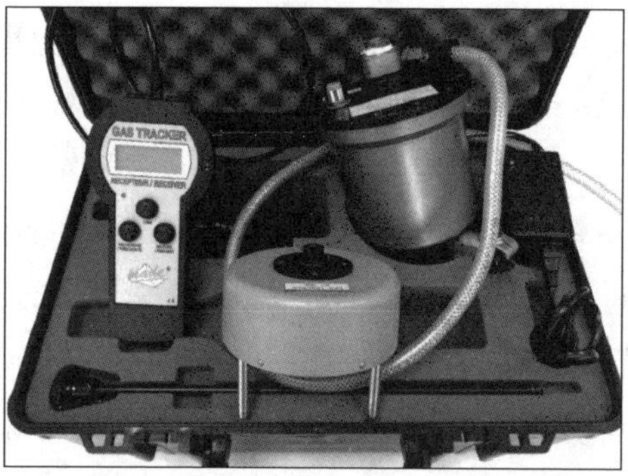

(a)发射装置

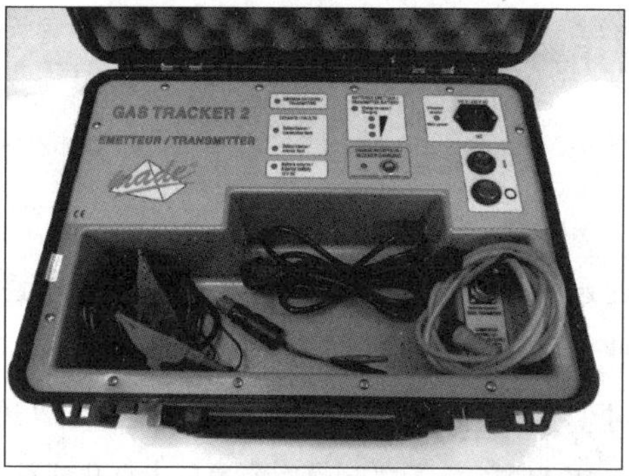

(b)接受装置

图 6-27　Gas Tracker 地下 PE 管线定位仪

Gas Tracker 的工作原理是：将设备的共振箱连接到燃气管道，以 PE 管内的气体为介质在管道中传输声波信号；共振箱内的共振膜产生一个带有特殊标识的声波信号，声波带动它附近的气体粒子振动，振动的粒子带动下一个气体粒子振动，声波信号在 PE 管内如此向前传输；声波信号通过 PE 管道经土壤传播到地表，土壤条件越好，得到的值越准确。夯实的土地会比松软的土地得到更好的效果，尤其是能达到更远的传输距离。

6.12 数据挖掘与分析技术及应用

6.12.1 数据挖掘与分析技术

数据挖掘是指从数据库的大量数据中揭示出隐含的、先前未知的并有潜在价值的信息的过程。数据挖掘与数据分析两者紧密相连，具有循环递归的关系，数据分析结果需要进一步进行数据挖掘才能指导决策，而数据挖掘进行价值评估的过程也需要调整先验约束而再次进行数据分析。

利用数据挖掘进行数据分析的常用方法有分类、回归分析、聚类、关联规则、特征、变化和偏差分析、Web 页挖掘等，它们分别从不同的角度对数据进行挖掘。

（1）分类　分类是找出数据库中一组数据对象的共同特点并按照分类模式将其划分为不同的类，其目的是通过分类模型，将数据库中的数据项映射到某个给定的类别。

（2）回归分析　回归分析反映的是事务数据库中属性值在时间上的特征，产生一个将数据项映射到一个实值预测变量的函数，发现变量或属性间的依赖关系，其主要研究问题包括数据序列的趋势特征、数据序列的预测以及数据间的相互关系等。

（3）聚类　聚类分析是把一组数据按照相似性和差异性分为几个类别，其目的是使属于同一类别的数据间的相似性尽可能大，不同类别中的数据间的相似性尽可能小。

（4）关联规则　关联规则是描述数据库中数据项之间所存在关系的规则，即根据一个事务中某些项的出现可导出另一些项在同一事务中也出现，即隐藏在数据间的关联或相互关系。

（5）特征　特征分析是从数据库中的一组数据中提取关于这些数据的特征式，这些特征式表达了该数据集的总体特征。

（6）变化和偏差分析　偏差包括很大一类潜在的知识，如分类中的反常实例、模式的例外、观察结果对期望的偏差等，其目的是寻找观察结果与参照量之间有意义的差别。在企业危机管理及其预警中，管理者更感兴趣的是意外规则。意外规则的挖掘可以应用于各种异常信息的发现、分析、识别、评价和预警等方面。

（7）Web 页挖掘　随着 Internet 的迅速发展及 Web 的全球普及，使得 Web 上的信息量无比丰富，通过对 Web 的挖掘，可以利用 Web 的海量数据进行分析，收集政治、经济、政策、科技、金融、市场、竞争对手、供求信息、客户等有关的信息，集中精力分析和处理那些对企业有重大或潜在重大影响的外部环境信息和内部经营信息，并根据分析结果找出企业管理过程中出现的各种问题和可能引起危机的先兆，对这些信息进行分析和处理，以便识别、分析、评价和管理危机。

数据挖掘是一种决策支持过程，它通过高度自动化地分析企业的数据，作出归纳性的推理，从中挖掘出潜在的模式，帮助决策者调整市场策略，减少风险，作出正确的决策。

6.12.2 数据挖掘与分析技术应用

数据对齐子系统建立在数据挖掘与分析技术基础上，主要是从管道完整性数据库中自动生成符合燃气管道行业使用习惯的对齐图(见图6-28)。根据不同层级用户的业务需要配置不同的专题模板，在各模板中配置的条带用不同的图表、文字以与管道走向带对齐的方式反映管道埋深、管道规格、管道沿线设施分布、管道检测、管道缺陷和风险评估等信息。

从业务含义上来看，管道工程图其本质是对数据进行多维分析，以管道走向为统一的一个维度，然后将不同类信息按照不同的维度在管道走向这一个统一维度下进行组织和表达，从而在一个视图上实现多个维度数据的表达。

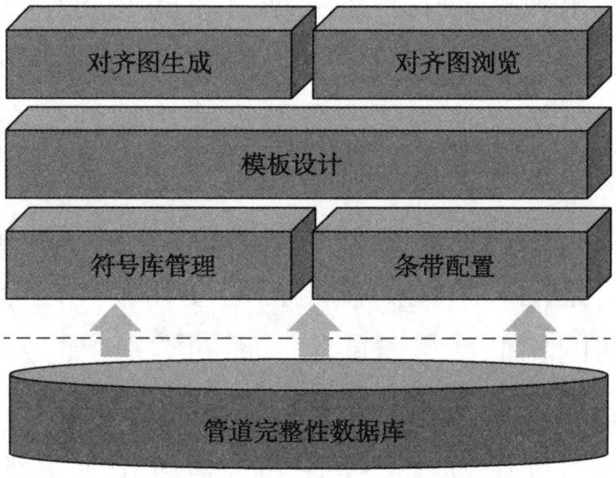

图6-28 管道对齐图功能结构图

第7章　城镇燃气管道应急管理

城镇燃气管道应急管理的内容主要涉及高压、次高压及中压管线各类紧急事件的应急准备、应急响应与处理，涵盖应急响应机制及应急资源管理，主要分为应急资源管理、应急演练及应急抢修三部分内容。

7.1　应急资源管理

应急资源管理分为外部资源管理和内部资源管理。外部资源是指燃气企业以外的应急支持单位(承包商)及相应政府部门。内部资源包括储备物资、应急设备、应急车辆、应急专家等。

7.1.1　外部资源管理

外部资源主要分为公司承包商和相关应急政府部门两大类。承包商是指燃气企业自身运维、应急等业务委托的服务单位。相关应急政府部门是指当地市区应急管理部门、住建部门、公安系统等。燃气管道运营企业应建立外部资源联络台账或信息系统，并定期更新，以确保外部资源的有效性。

7.1.2　内部资源管理

内部资源管理主要包括应急设备(通信)管理、应急车辆管理、应急专家及技术人员管理、应急队伍管理等。城镇燃气运营企业应根据运营区域实际情况，设置抢险应急基地(点)、紧急呼叫系统和抢险调度系统，配备必要的抢险人员，组建抢险队伍。抢险队伍必须配置必要的抢险机具、材料和通信、运输、消防等应急器材和抢险配件。必须确保配置的应急设施、配件、材料、机具、通信系统满足常规需要，处于完好状态。

7.2　应急预案的编制与演练

城镇燃气经营企业应结合自身的生产实际情况和风险评估的结果，针对生产现场潜在的风险，确定可能发生的生产性紧急情况和突发事件，编制相应的应急预案。

城镇燃气经营企业应根据管辖区域情况，结合所在地的地理、气候环境及社会环境，充分预想可能发生的燃气供气紧急事件和地震、洪水、大风等自然灾害，按照类别编制相应的专项应急预案。

应急预案的编写应参照国家有关标准编写，应急预案可分为总体预案、专项预案和现场处置预案。

在应急预案编制前应收集相关资料，对危险因素和风险进行分析，对应急能力进行评价。应急预案编制时，应考虑充分利用社会资源，并与政府相关应急系统相衔接。应急预案的编制要符合现行运行模式，实际操作性强。

各类应急预案应按照其内容和适用的范围发放到相关执行部门和岗位，保证相关执行部门和岗位有最新有效的版本并层层落实。

应急预案颁布后，应组织相应培训和应急演练。

应急演练可分为桌面推演和实操演练等形式，并应包括以下内容：

（1）演练项目和内容计划；

（2）演练组织单位及组织者；

（3）演练时间；

（4）演练地点或装置；

（5）演练人数、主要人员和分工；

（6）演练内容及过程描述；

（7）动用设备、物资；

（8）演练预计达到的效果及目的。

演练后应对演练过程和效果进行分析评价，确认演练效果是否达到要求，演练过程中是否存在问题和缺陷，应急预案是否需要调整等。

应急预案和相关实施程序要定期进行审查以保证符合法律、法规的规定，至少每三年更新一次。机构变动、关键人员变动、生产工艺调整时，应急预案要及时做相应的变动，联系电话要及时更新。应根据演练时发现的缺陷，对现场处置方案进行必要的修改。

演练层级与演练周期：公司负责组织总体应急预案的演练，每年场站、高/次高压管线至少组织一次；部门负责组织专项应急预案的演练，每季度至少组织一次；班组负责组织现场处置预案的演练，每月至少组织一次。

7.3 高压、次高压、中压管线应急指挥调度

随着城市燃气用户数量逐年增加，供气设备和管网也日趋复杂，分布区域越来越广，城市燃气运营企业面临如下问题：一方面要保证输配系统正常运行，保证用户用气和管网输配气的安全；另一方面要科学分析、预测已有用户的用气负荷和潜在用户的数量和用气负荷，合理规划设计管网系统。为此，城镇燃气运营企业应建立技术成熟完善的 SCADA 系统、GIS 系统等调度系统作为城市燃气输配系统运营的有效支持。

7.3.1 调度系统建设原则

(1) 调度系统的服务对象为调度中心这个指挥大脑。

(2) 调度系统需要为指挥大脑提供各项生产运行数据:

① 实时的输配系统运行压力、流量、温度、阀门开关状态等动态数据,这就需要采用 SCADA 系统来对管网进行实时监控;

② 基础的管网位置、管径、各个抢修队负责片区等静态数据,一般采用 GIS 系统将管网信息电子化;

③ 至少需要一个系统能够实现报警信息的接入、派警、短信发送、信息流转等,即需要一个应急响应平台,将报警信息流转起来。

(3) 燃气公司应根据自身业务需求,结合行业先进水平来建设调度系统,通过系统建设及运行来提高输配系统的运行效率,为公司创造效益。

7.3.2 调度系统数据支撑

(1) 管网基础数据 管线路由、材质、管径等,包括对阀门状态等运行数据的维护,以支撑 GIS 系统运行和进行关阀分析等。

(2) 管网运行数据 管网运行的压力、流量、温度、阀门开关状态等。通过 SCADA 系统采集管网运行参数,为调度运行监控提供数据支撑。

(3) 应急资源库 应急预案、应急通信录、应急工机具等。

7.3.3 应急调度流程

1. 高压、次高压管线抢修调度流程

高压、次高压管线抢修调度流程如图 7-1 所示。

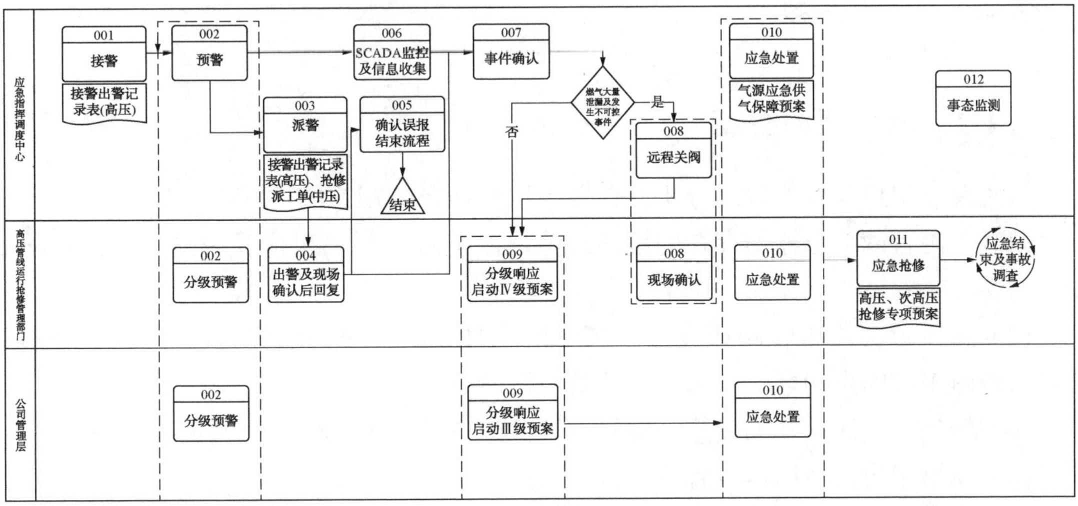

图 7-1 高压、次高压管线抢修调度流程

2. **中低压管线抢修调度流程**

中低压管线抢修调度流程如图 7-2 所示。

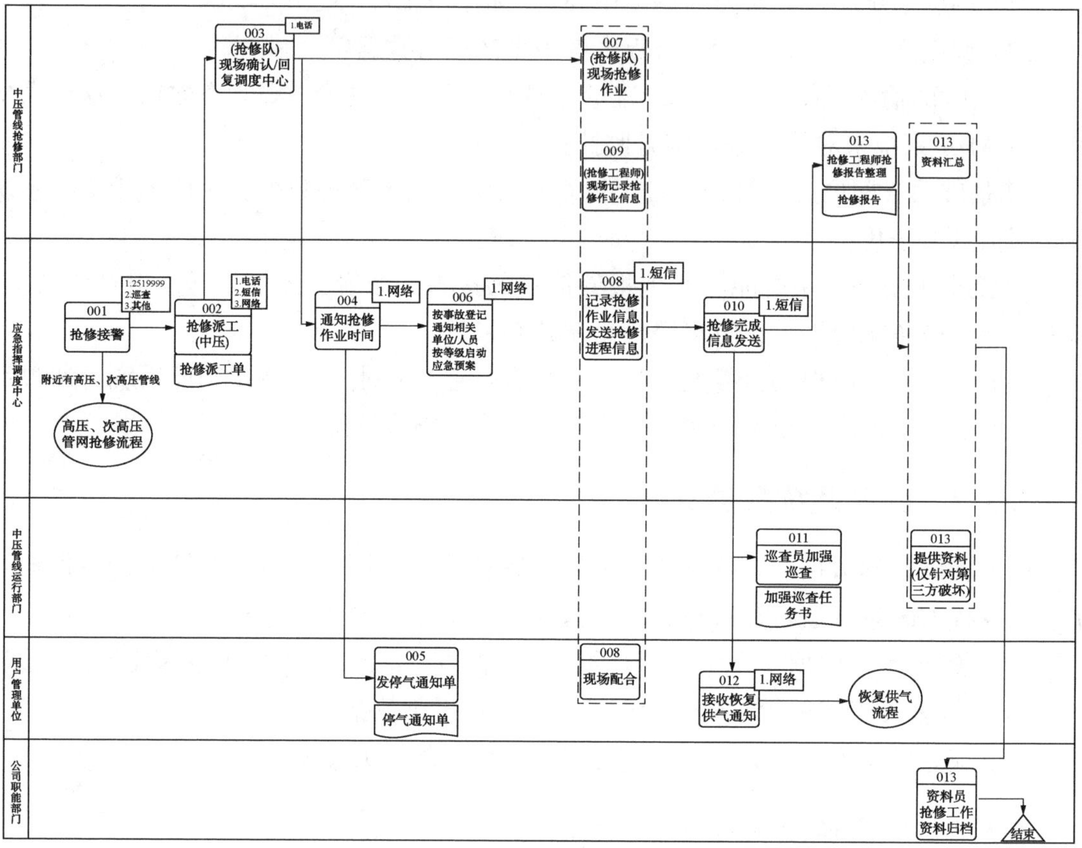

图 7-2　中低压管线抢修调度流程

7.4　气源保障

7.4.1　断供风险分析

从气源、用户及管网设施分析存在以下风险而影响用户的供气：

(1) 上游管网、分输站存在的设备故障风险造成门站的供应受影响，进而影响到用户的供应。

(2) 高压、次高压管网通过山地、市区多种区域，受自然灾害、泥石流、滑坡、道路改造施工等因素的影响会出现局部管道的断开。

(3) 场站、管线设施的故障、维修、维护的影响，出现设施的停止运行。

(4) 新增用户需在已运行管道上接口造成设施的停止供气。

(5) 突发事件或事故造成设施的停止供气。

7.4.2 气源保障处置原则

(1) 在事件确认后，立刻启动相应的应急气源，并立刻通知下游异常情况，请下游做好应急处置。

(2) 如影响到用户停气，按以下顺序停气：

① 中、小型调峰电厂；

② 有替代能源的可中断工业用户；

③ 无替代能源的可中断工业用户；

④ 有替代能源的不可中断工业用户；

⑤ 商业用户；

⑥ 居民用户；

⑦ 必须确保供气的用户。

(3) 及时计算事故管段后的管段储量，预计可延长的供气时间。灵活处置需提前关停的调压站，以延长更重要的调压站的供气时间。

(4) 整个过程应加强事故管段相邻管段的压力监控、影响片区的压力监控、备用气源的流量和压力监控。

7.4.3 应急气源分类

按影响下游范围的不同分为一类、二类、三类气源。

一类气源：指直接连接上游气源，出站管道连接高压管线的供气门站。

二类气源：指进站管道连接高压管线，出站管道连接次高压管线的供气场站，包括电厂计量站、高压/次高压调压站、气源接收门站。

三类气源：指进站管道连接次高压管线的供气场站(应急调峰站除外)，包括次高压/中压调压站。

7.4.4 气源保障的应急处置

1. 一类气源的应急处置

当某个一类气源门站无法正常供气时，可通过附近的一类气源增加供应量，适当提高出站供气压力，通过连通的高压管网供应一类气源的下游用户。

当高压管网发生事故而备用的一类气源无法供应到事故影响的二类气源时，应立刻通知影响区域的电厂停机，增加其他二类气源的供应，优先考虑将靠近影响区域或处于供气负荷的二类气源(电厂计量站除外)作为应急气源，适当提高应急气源供气压力以增加供气量。

2. 二类气源的应急处置

当高压管线事故影响到二类气源的场站供气时，应立刻通知影响区域内的电厂用户停机，增加其他二类气源的供应，优先考虑将靠近影响区域或处于供气负荷的高压/次高压调压站、门站作为应急气源，适当提高应急气源的供气压力以增加供气量。同时还应根据需求开启 LNG 应急调峰气化站进行应急供气，并通知槽车补充应急调峰站的储量。

3. 三类气源的应急处置

当次高压管线事故影响到三类气源的场站供气时，应立即启动应急气源，优先考虑将靠近影响区域或处于供气负荷的次高压/中压调压站作为应急气源，适当提高应急气源的供气压力以增加供气量，同时结合影响区域调压站的历史负荷情况，开启作为应急气源的调压站的备用路供气。

由于管网连通情况影响到应急气源对影响气源的补充，因此极端情况下可采用顺序停气操作，通知下游公司启动应急预案。对于不可中断供气的工业用户，可采用启动大型应急橇保障供气量，降低用气量至保证设备安全的底线。

第 8 章　城镇燃气管道风险管理系统

围绕管道设计、施工、运行和报废全生命周期管理，应建立一套统一的、覆盖城镇燃气管道输配系统的管道完整性管理业务、适应未来业务发展、风险分析、集成的管道风险管理系统。该系统应结合企业的管理环境，对管道完整性管理方法、流程和技术进行充分融合和固化，实现在数据管理、单元识别、风险评价、风险控制等各个环节的信息化管理，从而规范分散、不一致的管理模式和信息资源，提高燃气管道完整性管理计划、执行等方面的管理水平，降低管道风险及运行、维护成本。

8.1　系统总体架构设计

本书基于深圳市燃气集团股份有限公司(以下简称深圳燃气)企业管理和完整性管理模式要求，通过分析深圳燃气集团的管道完整性管理业务以及信息化建设现状，参考国内外管道完整性管理理念与先进经验，结合燃气管道生产业务的研讨与梳理，建立了城市燃气管道风险管理系统平台建设框架。

8.1.1　设计原则

在设计过程中，要科学地按照设计原则，使用清晰的描述，完整覆盖需求，从而达到系统的设计目标。本系统的设计理念主要从系统的前瞻性、针对性、灵活与扩展性等方面进行考虑。

1. 统一性原则

统一性原则具体体现在统一规划、统一标准、统一平台、统一管理等。对于遍及各层级管道管理人员的系统，只有保证统一性才能真正发挥城市燃气管道风险管理系统平台的优势，保证城市燃气管道风险管理系统平台实施的整体效益。

2. 先进性原则

城市燃气管道风险管理系统平台的方案设计将引入最新的相关技术成果，从技术上体现方案的先进性。同时，由于城市燃气管道风险管理系统平台的实施不只是一个技术问题，更重要的是涉及业务管理模式的调整以及流程再造，因此系统设计将参照国内国际领先管道公司的先进做法，使方案具有前瞻性。

3. 实用性和可操作性

实用性和可操作性指设计方案应从城市燃气企业实际情况出发，设计符合城市燃气企业组织机构特点的城市燃气管道风险管理系统平台，确保系统建设是可实施的，做到兼顾先进性与实用性。

4. 经济性原则

城市燃气管道风险管理系统平台方案将充分考虑避免国内外同行业公司走过的弯路，力求借助成熟的方法以较少的投资获得较高的效益。另外，深圳燃气在过去多年的信息技术建设过程中，已累积了一些资源，本次将充分考虑如何运用这些资源。

5. 安全性原则

系统建成后将成为城市燃气管网重要的管理平台，因此在系统设计中应全面考虑系统及数据的可靠性和安全性。

8.1.2　系统总体架构

整个管道完整性管理系统以统一的管道专业数据库和基础地理数据库为信息源依托，采用先进的 SOA 平台架构和 J2EE 企业级应用开发框架为技术保障，基于流程、用户、权限管理等应用模块支撑，形成管道完整性管理所需的各项功能应用，并能够与企业的其他信息系统形成良好的集成和共享。

系统的总体架构如图 8-1 所示。

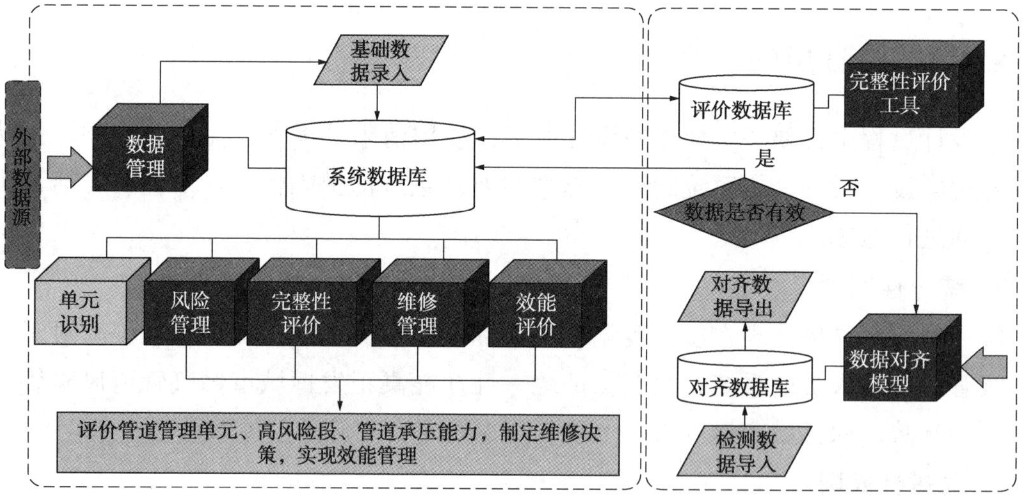

图 8-1　系统总体架构

8.1.3 系统功能架构

结合城市燃气的管理业务，城市燃气管道风险管理系统功能主要划分为管道建设期、GIS、数据管理、风险管理业务、三维应急五个子系统，如图 8-2 所示。

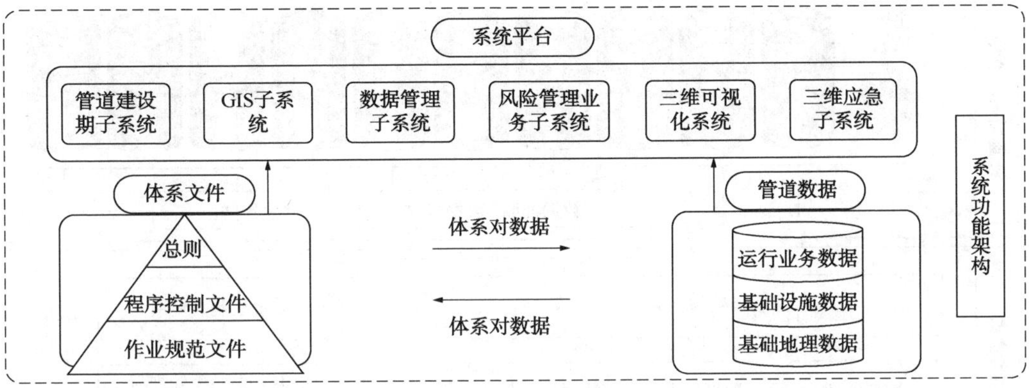

图 8-2 城市燃气管道风险管理子系统

8.1.4 数据体系架构

深圳燃气管道完整性数据中心解决了数据的存放、分类、共享、检索方法和安全等方面的问题。为了方便、高效地利用这些数据，减少重复开发，可通过应用子系统平台，将各子系统都具有的功能及常见的基础功能组织起来；同时设计统一的入口、登录方式，提供给用户统一的界面，将用户的业务操作所涉及的各个子系统的应用整合在一起。这样设计，有利于缩减用户学习各个子系统的时间，也有助于用户整体把握各个子系统之间的关系。

根据业务架构设计城市燃气管道风险管理的数据架构如图 8-3 所示。

8.1.5 信息安全架构

根据相关标准的信息安全体系框架，加强信息安全体系的建设，与此同时，也应认识到信息安全体系的建设不能一蹴而就，有着自身的建设生命周期。结合深圳燃气当前信息化现状，管道完整性管理平台建设中采用的信息安全保障体系架构如图 8-4 所示。

依据信息安全保障体系，建立城市燃气信息安全技术体系架构，主要包括数据安全、系统安全、网络安全、物理安全、基础设施及监控审计六个方面，如图 8-5 所示。

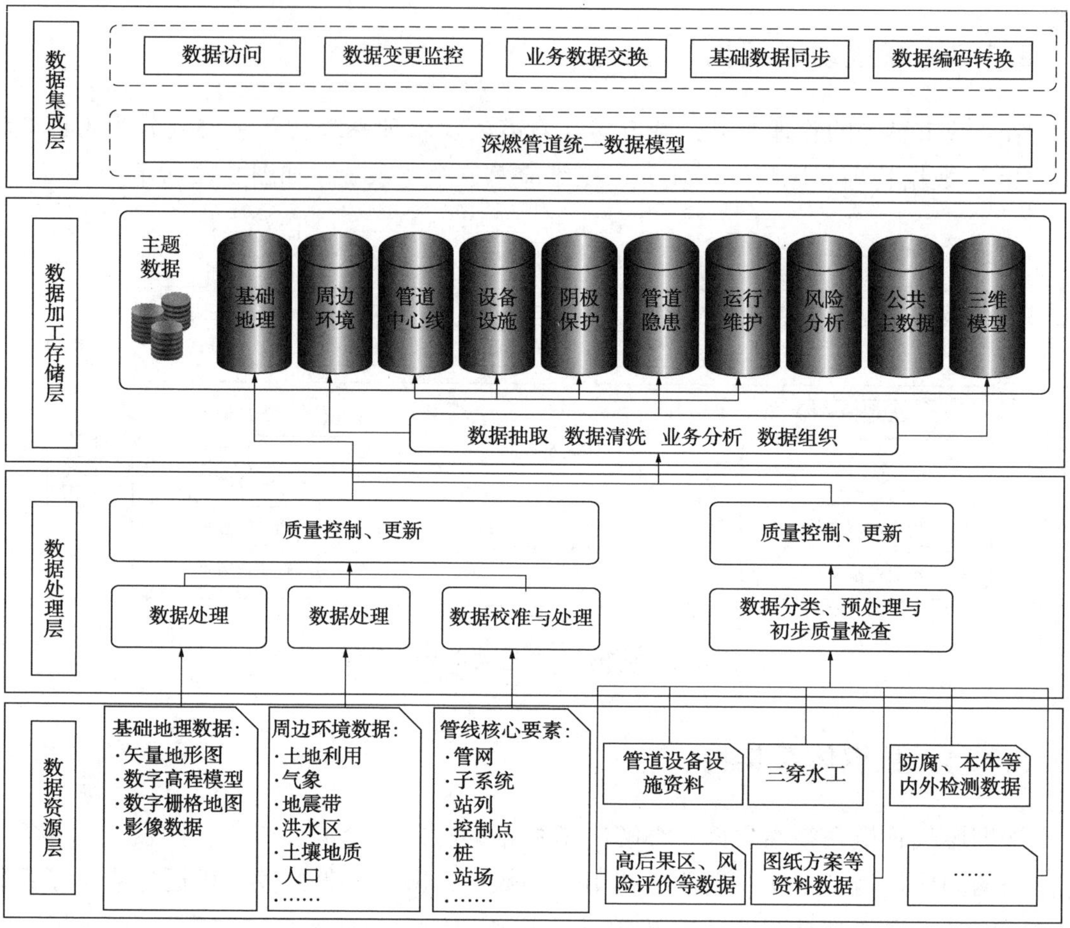

图 8-3 数据架构

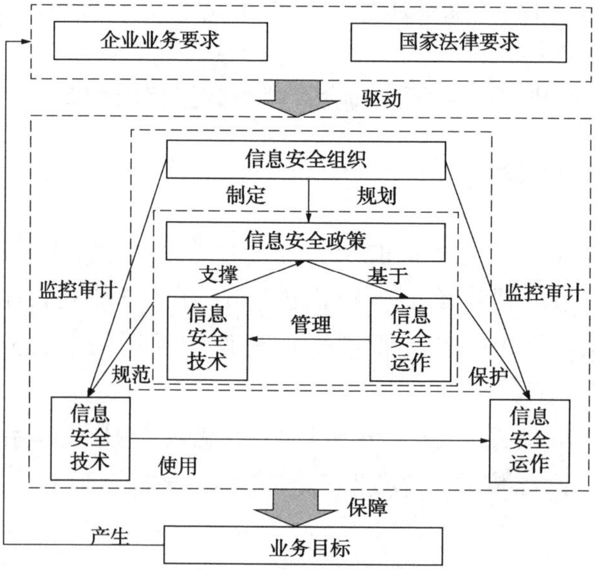

图 8-4 信息安全保障体系架构

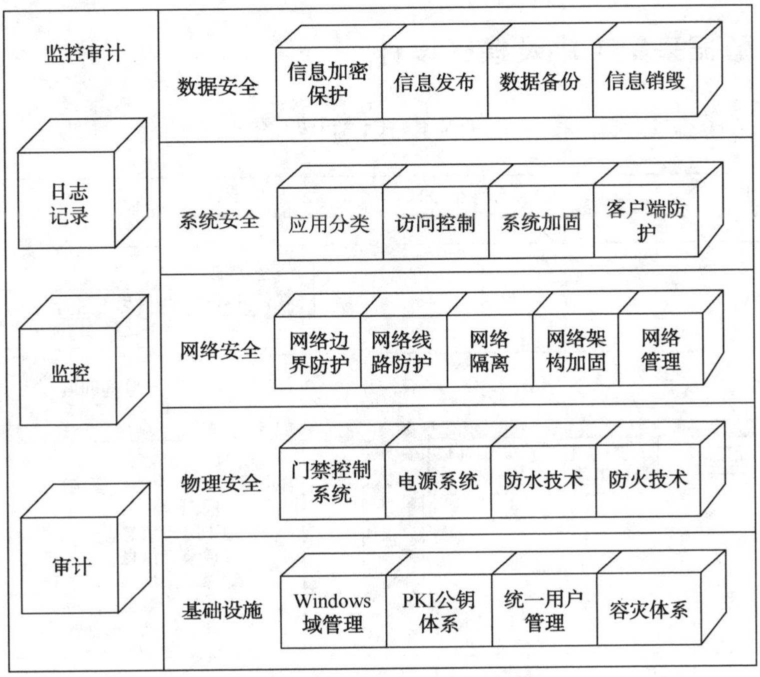

图 8-5 信息安全技术体系架构

8.2 管道建设期子系统

8.2.1 系统目标

通过移动数据采集系统的建设为用户提供基于 Android 移动端的管道采集应用，供现场用户及施工人员实时进行管道信息的查看、新增、修改，方便现场用户及施工人员统一进行数据采集、数据校验、数据统计分析以及权限管理，从而为管道安全提供保障。

本系统的目标是制定出一套切合实际需要的完整性数据采集规范。具体的实施目标是：

(1) 实现单点登录身份认证；

(2) 实现工程信息、套管信息、管沟保护信息、标志桩信息的增删改查功能；

(3) 实现管道节点管段的节点新增以及节点信息列表、管段信息列表的增删改查功能；

(4) 实现地图上节点、管段、套管、管沟、标志桩的查询功能；

(5) 实现图片的上传和管理功能；

(6) 实现待办工作和已完成工作记录的查看和办理；

(7) 实现 RTK 的连接、设置和数据同步。

8.2.2 数据采集工序及模式设计

高压、次高压施工数据采集工序及模式设计如图 8-6 所示。

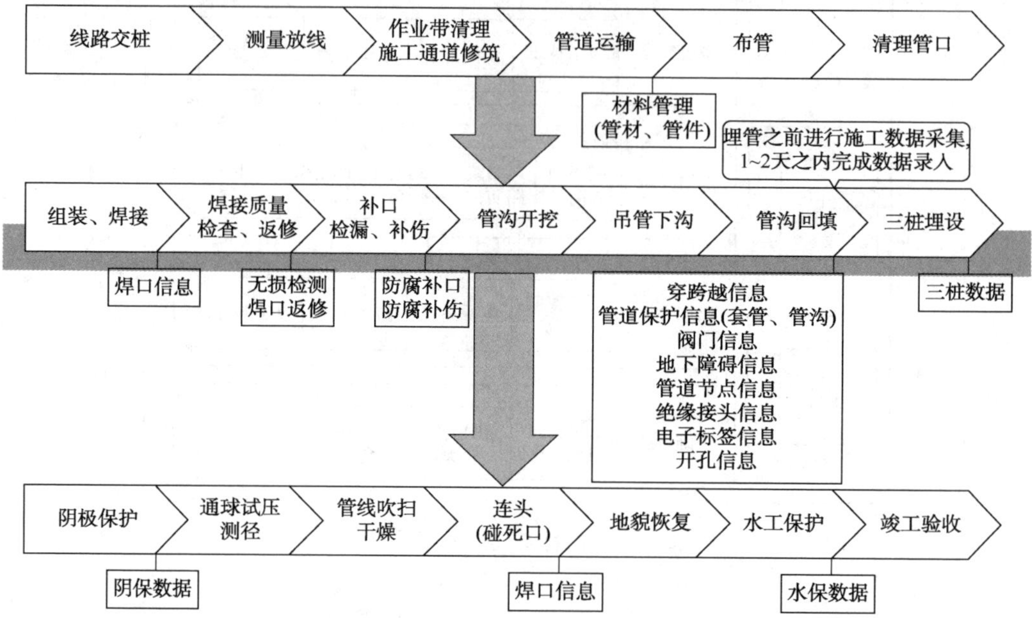

图 8-6 高压、次高压施工数据采集工序及模式设计

中压施工数据采集工序及模式设计如图 8-7 所示。

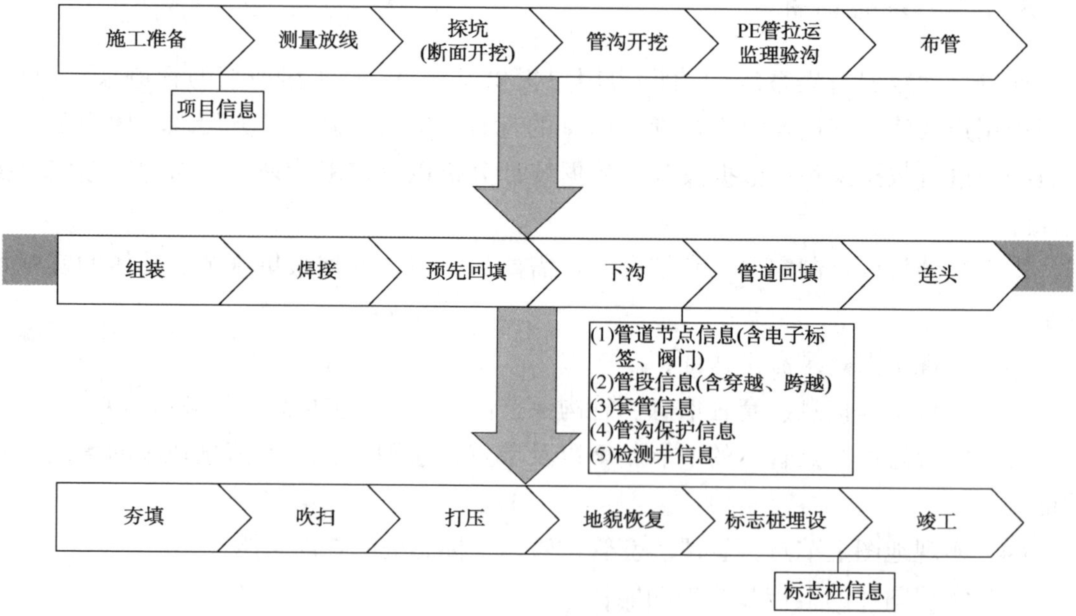

图 8-7 中压施工数据采集工序及模式设计

8.2.3 管道施工数据采集系统功能架构

管道施工数据采集系统按业务分为高压/次高压施工数据采集、中压施工数据采集两部分，按操作场景分为管理端(PC 客户端)、移动端(智能终端)两大模式，如图 8-8～图 8-10 所示。

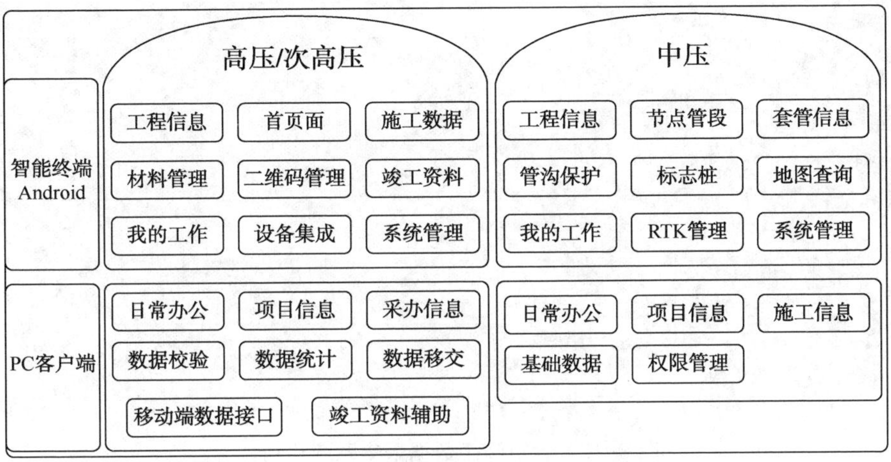

图 8-8　管道施工数据采集系统功能架构

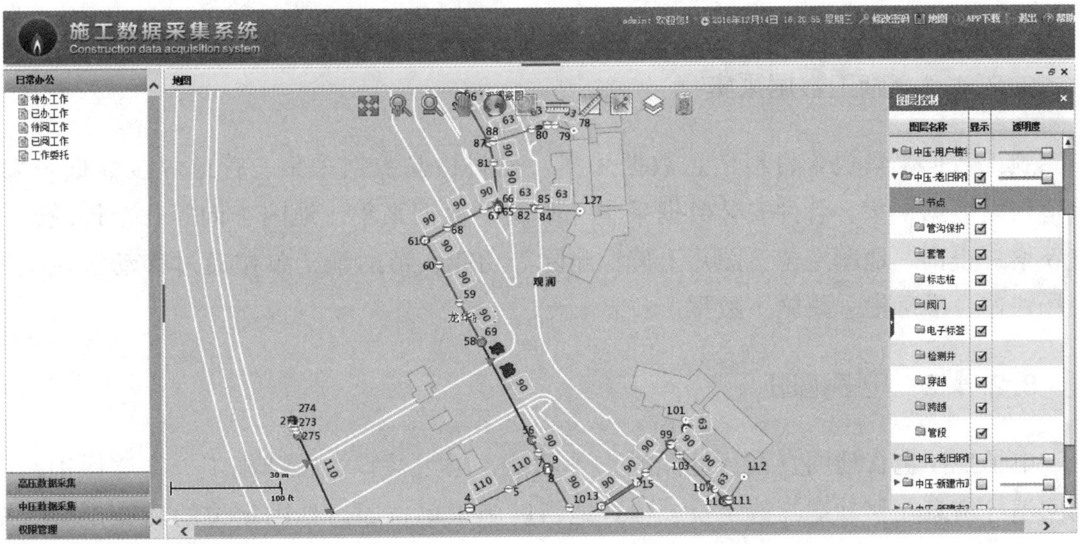

图 8-9　管道施工数据采集系统管理端

图 8-10　管道施工数据采集系统移动端

8.2.4　高压施工数据采集

8.2.4.1　施工数据采集

施工数据采集包含材料信息数据采集、材料检验数据采集、管道焊接数据采集、管道敷设数据采集、管件安装数据采集、附属物数据采集、地图查询等几个模块，设置新增、查询、地图定位、图片上传、删除等功能，帮助施工单位通过移动端在施工现场快速、准确地采集施工数据。

8.2.4.2　电子地图

电子地图包含地图查询、地图操作等功能，通过焊口、特殊施工、管道保护、管沟回填等信息在移动端筛选定位，很好地帮助施工单位通过地图定位的功能校验数据采集出现的问题。

8.2.4.3　设备集成

设备主要集成北斗定位设备 RTK，通过 RTK 数据接口获取目标的 X、Y、Z 坐标，方便施工单位数据采集人员快速获取目标坐标位置。

8.2.4.4 管道焊接校验

通过数据校验对数据的准确性、完整性进行校验。主要是通过与工程信息对应的采集数据校验焊口信息、焊口测量、无损检测、防腐补口等数据是否完整无误，通过焊口位置与设计路由距离校验焊口是否偏移设计中线等。

数据校验错误类型多达几十种：

(1) 焊口编号为空；
(2) 焊口编号重复；
(3) 前一类型为空或非正确管件类型；
(4) 前一编号为空；
(5) 前一类型和前一编号不匹配；
(6) 后一类型为空或非正确管件类型；
(7) 后一编号为空；
(8) 后一类型和后一编号不匹配；
(9) 焊口没有对应的补口信息；
(10) 焊口对应多个补口信息；
(11) 焊口没有对应的无损检测信息；
(12) 非大小头处，相邻管段(管件)的管径变化；
(13) 前一管段(管件)规格(管径、壁厚)与采办信息不匹配；
(14) 后一管段(管件)规格(管径、壁厚)与采办信息不匹配；
(15) 焊口只连接了一个管件；
(16) 焊口连接了多个管件；
(17) 前一管件缺一端焊口；
(18) 前一管件连接了多个焊口；
(19) 后一管件缺一端焊口；
(20) 后一管件连接了多个焊口；
(21) 焊口没有对应的测量信息；
(22) 焊口对应多个测量数据；
(23) 焊口位置偏离设计路由；
(24) 前一管段(管件)的测量长度与采办信息不匹配；
(25) 后一管段(管件)的测量长度与采办信息不匹配；
(26) 前一管段(管件)与相邻管段(管件)的夹角小于90°；
(27) 后一管段(管件)与相邻管段(管件)的夹角小于90°；
(28) 前一管段(管件)与其他管段(管件)存在交叉；
(29) 后一管段(管件)与其他管段(管件)存在交叉；
(30) 管道节点到对应两个焊口的距离之和大于13m。

8.2.4.5 数据统计分析

数据统计分析通过不同的维度来统计，并结合折线图、柱状图、列表等方式显示工程材料使用情况、施工进度统计等报表信息。

8.2.5 中压施工数据采集

8.2.5.1 工程信息记录

同步PC端系统已有的工程信息列表，界面显示的字段主要为“标段名称、工程名称、施工单位、所含管段数量、已施工管段总长度”。可新增、修改、删除工程信息，并可按照字段“标段名称、工程名称、施工单位”进行数据检索。

8.2.5.2 节点管段信息

1. 节点管段新增

在节点管段新增分页填写相关信息，点击保存按钮完成节点管段数据的录入。其中节点坐标采取以下办法进行录入：

(1) 点击RTK管理模块进入位置服务管理器，连接RTK设备进行坐标获取，则节点管段新增页面即可读取其坐标值；

(2) 非RTK可以手动填写坐标值，也可在系统管理模块进行坐标导入(.DAT文件)，这样就可以在坐标选择中选择对应的坐标值进行录入。

2. 节点信息列表

节点信息列表显示的字段主要为“标段名称、工程名称、节点编号、节点类型、施工人员”；点击查询按钮可按照“标段名称、工程名称、节点编号”等字段进行数据检索；可对列表中的数据进行修改和删除操作。

3. 管段信息列表

管段信息列表显示的字段主要为“标段名称、工程名称、管段编号、管段类别、施工方式”；点击查询按钮可按照“标段名称、工程名称、施工方式”等字段进行数据检索；可对列表中的数据进行修改和删除操作。

8.2.5.3 套管信息记录

同步PC端系统已有的套管信息列表，界面显示的字段主要为“标段名称、工程名称、套管材质、套管规格、是否设置检漏装置”。

点击右上角新增按钮可新增套管信息；点击查询按钮可按照“标段名称、工程名称、套管材质”等字段进行数据检索；可对列表中的数据进行修改和删除操作。

8.2.5.4 管沟保护信息记录

同步 PC 端系统已有的管沟保护信息列表，界面显示的字段主要为“标段名称、工程名称、工程编码、记录人、建设日期”。

点击右上角新增按钮可新增管沟保护信息；点击查询按钮可按照“标段名称、工程名称、起始建设时间、结束建设时间”等字段进行数据检索；可对列表中的数据进行修改和删除操作。

8.2.5.5 标志桩信息记录

同步 PC 端系统已有的标志桩信息列表，界面显示的字段主要为“标段名称、工程名称、施工单位、标志桩类型、埋设日期”。

点击右上角新增按钮可新增标志桩信息；点击查询按钮可按照“标段名称、工程名称、编号、标志桩类型”等字段进行数据检索；可对列表中的数据进行修改和删除操作。

8.2.5.6 地图查询

选择“标段名称、工程名称”后，可选择节点、管段、套管、管沟、标志桩五大类中任何一个的对应信息在地图上查询对应管道在地图上的位置。

8.2.5.7 照片管理

1. 图片上传

选择“标段名称、工程名称、图片采集日期”，填写图片采集人员后，点击浏览照片按钮选择需要上传的图片，点击提交按钮进行提交。

2. 图片管理

点击查询按钮可按照字段“标段名称、工程名称、起始日期、结束日期”进行照片检索；选中图片点击右上角的删除按钮即可进行图片删除。

8.2.5.8 我的工作

1. 待办工作

“待办工作”列表显示的是由于网络或其他原因在线提交失败的数据；在此可进行“手动提交”，将本地数据同步至服务器。

2. 工作记录

可查看历史办理工作的记录。

8.2.5.9 RTK 管理

通过连接 RTK 进行节点录入时坐标的获取。

8.2.5.10 系统管理

(1) 地图数据：可对背景地图及管线进行下载。
(2) 坐标导入：选择 .DAT 文件进行坐标文件同步。

8.2.5.11 数据校验

通过收集中压存在的错误信息，对中压节点表、管段表、标志桩等信息进行数据校验。根据条件查询数据，将数据校验的错误信息进行列表展示。

数据校验错误类型多达十几种：

(1)【节点】坐标不完整；
(2)【节点】坐标与其他坐标存在重复；
(3)【节点】节点周围 5cm 范围内存在其他节点；
(4)【节点】没有跟任何管段相连接；
(5)【节点】连接管段过多；
(6)【节点】存在孤立端；
(7)【节点】坐标超过地图边界(如深圳市范围)；
(8)【节点】设置钢塑转换件的位置，关联管段的材质未变化；
(9)【节点】设置大小头的位置，关联管段的管径未变化；
(10)【管段】连接一个节点，或连接的节点不存在；
(11)【管段】长度大于 12.5m；
(12)【管段】相邻管段夹角小于 45°；
(13)【管段】发生管径变化位置未设置大小头；
(14)【管段】发生材质变化位置未设置钢塑转换件；
(15)【管段】埋地管—施工方式不能为“跨越”或者“明管”；
(16)【管段】明管—施工方式不能为“直埋”或者“穿越”；
(17)【标志桩】坐标与节点数据重复。

8.2.5.12 数据提交

数据完成录入后，测量人员应首先在数据采集系统中进行自检；自检确认后，创建工单递交监理审核。

监理人员完成测量人员递交的采集数据审核后，对不合规的数据列为“不符合项”，并责令测量人员限期整改；审核通过后递交建设单位审核。

建设单位工程管理人员完成监理递交的采集数据审核后，对不合规的数据列为“不符合项”，并责令限期整改，对符合要求的数据，待工程结束后“按工程”与输配分公司进行移交。

8.2.5.13 数据移交

工程项目结束后，建设单位在工程移交模块中创建移交工单，递交输配分公司申请移交，输配分公司对采集数据进行核实和现场抽检，对不合规的数据列为“不符合项”，并责令限期整改；对最终审核通过的采集成果，以工程为单元与深圳燃气 GIS 进行数据对接。

8.3 GIS 子系统

GIS(Geographic Information System)，即地理信息系统，是一个基于地理信息技术的大型综合性应用系统。该系统为适应燃气行业信息化建设的需要，从实用、简洁、灵活、高效的思想出发，以计算机技术、信息技术为基础，借助 GIS 技术空间化、图形化的特点，为用户提供了一个安全可靠、功能强大、界面友好、操作简便的燃气管网信息管理平台，实现了燃气管网的计算机化、网络化管理(见图 8-11)。

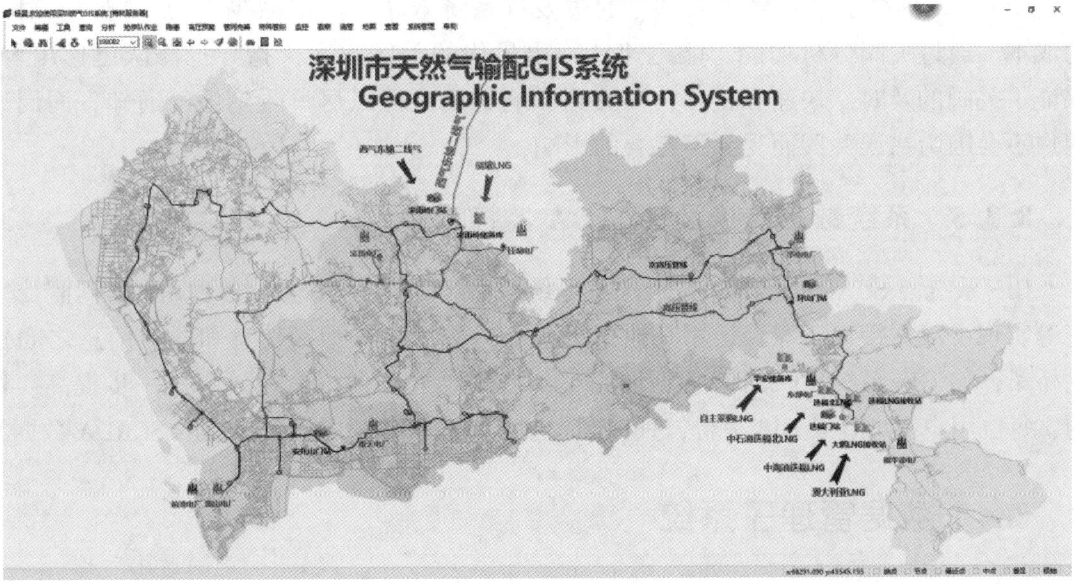

图 8-11 GIS 子系统

8.3.1 基础地图数据管理

GIS 系统建立了标准化、规范化的地理信息数据库，实现对海量数据进行科学的组织和管理，为燃气业务管理打下良好的信息基础；对电子地图数据进行整理，通过对资料和数据进行深层次的加工和开发，为整个系统提供全方位的信息服务和决策支持。

8.3.2 管网资源数据管理

GIS 系统实现了燃气管网资源的综合管理。方便将各种燃气管网设施的空间数据和属性数据导入到系统中，对燃气管网及各种设施进行属性查询、空间查询、空间定位以及统计、分析。另外，为方便信息对外共享，系统还提供有多种数据转换接口。

8.3.3 抢修车辆 GPS

为加强各类共用车辆的管理，建设了抢修车辆 GPS 监控系统。GIS 系统与该系统建立数据接口，实现了抢修车辆 GPS 信息在 GIS 平台上的发布。目前，调度中心可以通过 GIS 平台查询集团公司共三百四十余辆汽车和摩托车的实时地理位置和历史行驶轨迹。

8.3.4 管网拓扑智能分析及关阀分析

GIS 系统提高了经营管理效率。通过发挥系统效率，可以减少人力、物力、财力的成本。通过关阀分析功能，能迅速计算出最优的关阀方案，指导抢修队迅速出警，保证了关阀的及时、快速和正确，受关阀影响的用户可以尽早收到停气通知，而周边用户不会因为错误关阀而受到不必要的影响。

8.3.5 系统数据交换及 SCADA 监控

GIS 系统与 SCADA 系统、智能巡查系统、管道完整性管理系统、GPS 车辆监控系统等实现了数据接口，综合运用其他相关系统的数据，在管网信息和业务信息之间建立桥梁，使 GIS 系统反映的信息更加完整，使用更加方便，管理效率进一步提高。目前，每位用户都可登录 GIS 平台，查询次高压阀室、管储与中压监控点的 SCADA 数据。

8.4 数据管理子系统

8.4.1 本体缺陷

本体缺陷管理模块主要涵盖针对管道本体缺陷方面的业务，包括检测工作的结果数据管理，以及对缺陷的评价分析结果及管体缺陷修复信息的管理(见图 8-12)。

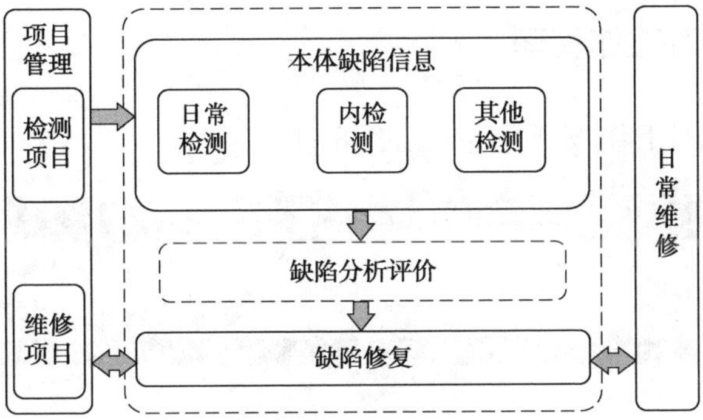

图 8-12　本体缺陷管理业务流程图

参照《高压、次高压燃气管道内检测管理细则》《高压、次高压燃气管道本体缺陷管理响应规程》体系文件进行风险控制、风险预防和风险消减。本体缺陷信息主要包括日常检测、内检测、其他检测。

通过各种检测(如内检测、全面检测、超声导波检测、应力检测)获取的管道本体缺陷数据(包括变形检测和腐蚀检测数据)录入系统并进行分析。

通过日常生产业务(如第三方施工、防腐层检测、地质灾害等)获取的管道本体缺陷数据录入系统并进行分析。

8.4.1.1　本体缺陷管理首页

在本体缺陷管理首页能够看到管线检测信息、缺陷分级统计图和派单状态统计图等信息。可以在地图上定位所选择的管线，并可以查看该管线检测的详细信息(见图 8-13)。

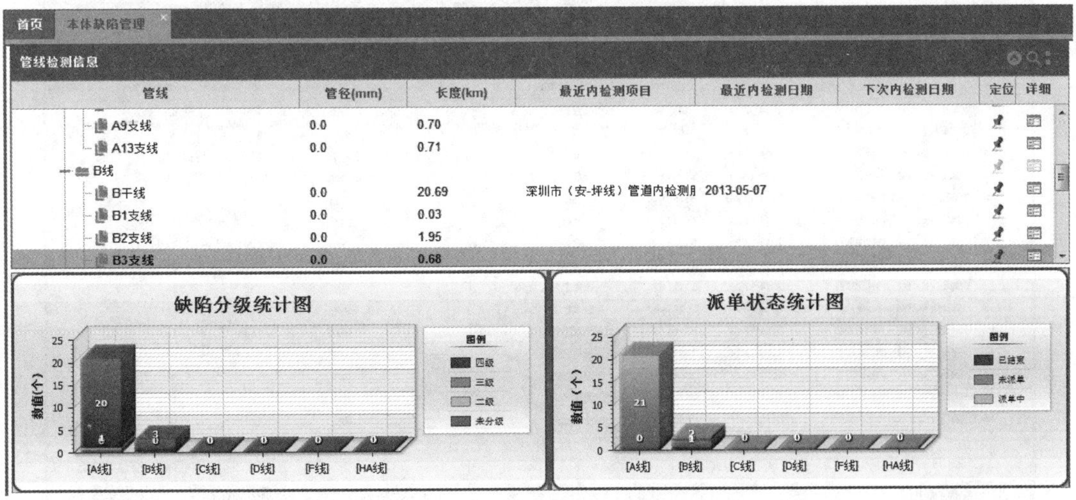

图 8-13　本体缺陷管理系统界面图

8.4.1.2　内检测工作管理

记录并查看内检测工作安排信息(见图 8-14)。

图 8-14　内检测工作管理

8.4.1.3　本体缺陷点数据

记录并查看管道本体的缺陷信息、开挖信息、修复信息(见图 8-15)。工程师可对缺陷数据进行分析及标注，并可派发工单给维修组。

图 8-15　本体缺陷点数据

8.4.2 腐蚀防护

腐蚀防护管理模块主要涵盖高压、次高压管线腐蚀防护相关业务的数据采集与修复整改(见图 8-16)。此模块主要分为三个部分：阴极保护、腐蚀环境和防腐层管理。

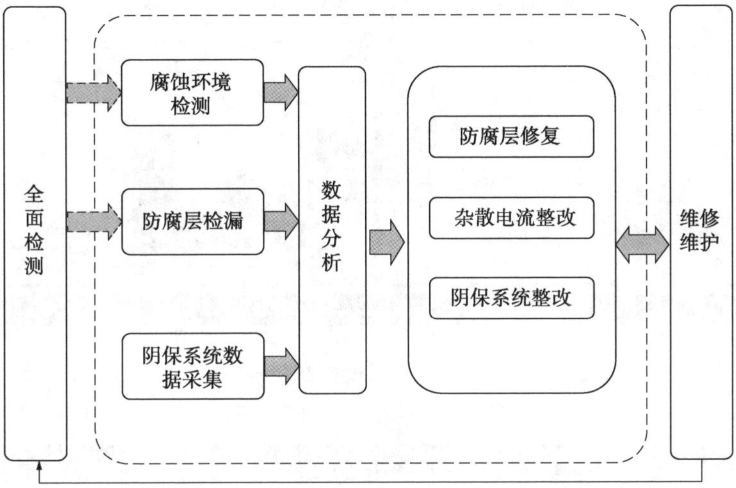

图 8-16 腐蚀防护业务流程图

其中，阴极保护主要包括了强制电流、牺牲阳极以及绝缘装置的日常数据采集，腐蚀环境主要记录了全面检测等工作中获取的腐蚀环境与杂散电流干扰情况的数据，防腐层管理主要记录了全面检测和日常检测中发现的防腐层破损信息及其修复记录。对于以上的数据信息，系统将根据需求提供专业化的统计报表为数据分析提供辅助，并持续性地记录采集的数据、分析评价的意见、问题整改的记录。

全面检测项目中的防腐层整体质量评价数据、破损疑似点数据录入系统。

通过日常生产业务(如第三方施工中管道交叉、做管道保护时)检测发现的防腐层破损疑似点数据录入系统。

8.4.2.1 高压腐蚀防护

1. 高压腐蚀防护首页

在高压腐蚀防护首页能够看到破损疑似点统计信息、外防腐层整体质量评级统计图等信息(见图 8-17)。

2. 外检测工作管理

记录并查看外检测工作安排信息(见图 8-18)。

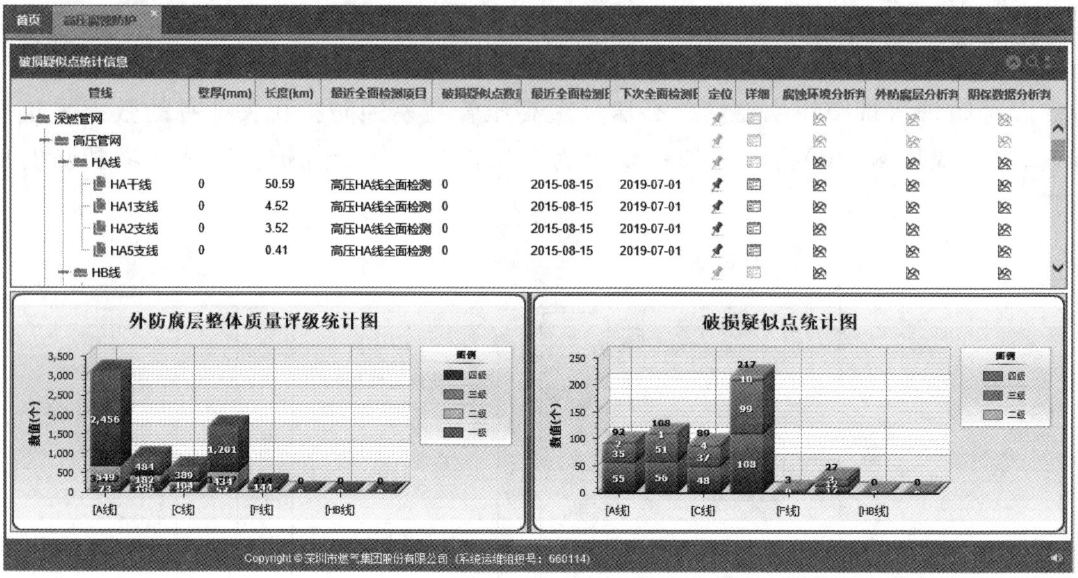

图 8-17　高压腐蚀防护首页

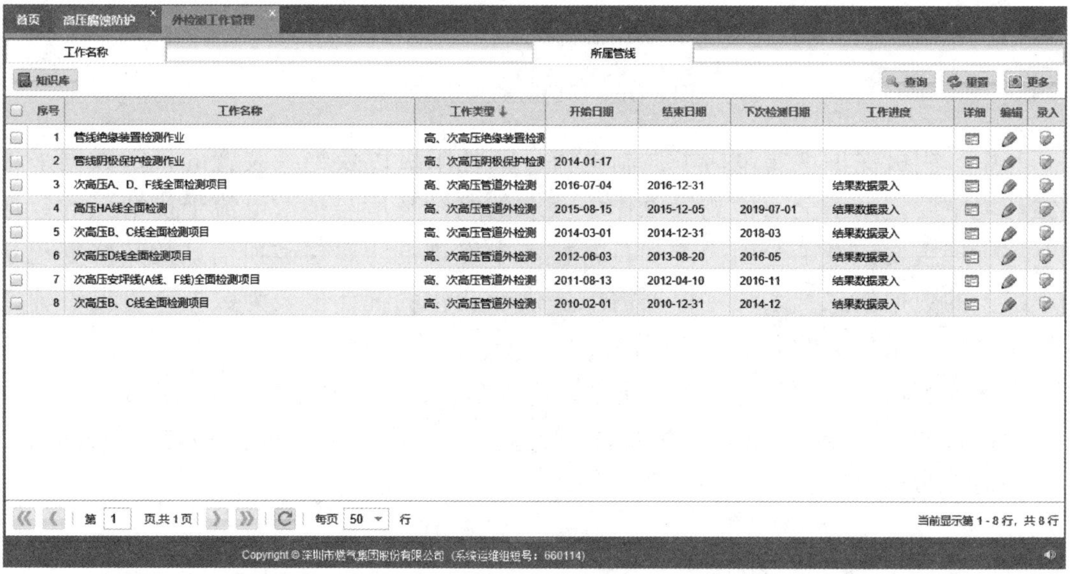

图 8-18　外检测工作管理

3. 杂散电流数据

记录并查看杂散电流数据，并可对不合规数据进行筛选(见图 8-19)。

4. 土壤理化性能测试数据

记录并查看土壤理化性能测试数据，并可对不合规数据进行筛选(见图 8-20)。

序号	工作名称	所在位置	检测日期	通电电位(mV)	交流电压(V)	详细	编辑	删除
1	管线阴极保护检测作业	C干线 C-YJ042	2017-11-28	1054	3.182			
2	管线阴极保护检测作业	C干线 C-YJ034	2017-11-27	-1057	1.905			
3	管线阴极保护检测作业	C2支线 C2-YJ006	2017-11-27	3162	0.819			
4	管线阴极保护检测作业	C干线 C-YJ038	2017-11-27	-1009	0.306			
5	管线阴极保护检测作业	C干线 C-YJ036	2017-11-27	-1083	1.123			
6	管线阴极保护检测作业	C2支线 C2-YJ001	2017-11-16	-1316	3.21			
7	管线阴极保护检测作业	C2支线 C2-YJ005	2017-11-16	-1084	2.2			
8	管线阴极保护检测作业	C2支线 C2-YJ004	2017-11-16	130	1.85			
9	管线阴极保护检测作业	C2支线 C2-YJ003	2017-11-16	4401	2.155			
10	管线阴极保护检测作业	C2支线 C2-YJ002	2017-11-16	5371	2.65			
11	管线阴极保护检测作业	C干线 C-YJ002	2017-11-13	953	1.373			
12	管线阴极保护检测作业	C干线 C-YJ018	2017-11-13	-228	0.91			
13	管线阴极保护检测作业	C干线 C-YJ010	2017-11-13	707	0.53			
14	管线阴极保护检测作业	C干线 C-YJ039	2017-11-10	-853	0.299			
15	管线阴极保护检测作业	C2支线 C2-YJ013	2017-11-10	4943	2.07			
16	管线阴极保护检测作业	C2支线 C2-YJ012	2017-11-10	3570	2.1			

图 8-19 杂散电流数据

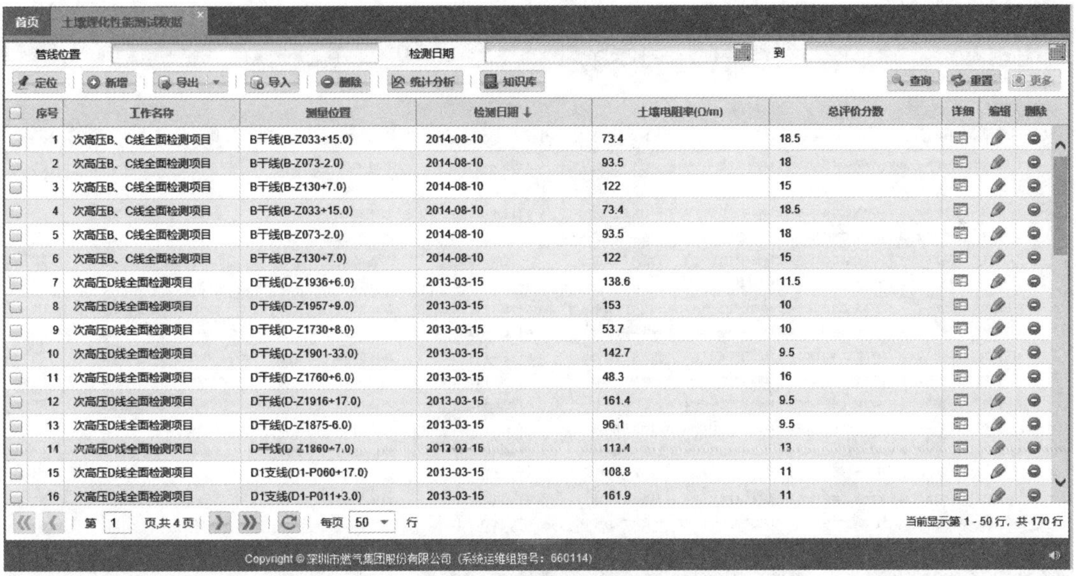

序号	工作名称	测量位置	检测日期	土壤电阻率(Ω/m)	总评价分数	详细	编辑	删除
1	次高压B、C线全面检测项目	B干线(B-Z033+15.0)	2014-08-10	73.4	18.5			
2	次高压B、C线全面检测项目	B干线(B-Z073-2.0)	2014-08-10	93.5	18			
3	次高压B、C线全面检测项目	B干线(B-Z130+7.0)	2014-08-10	122	15			
4	次高压B、C线全面检测项目	B干线(B-Z033+15.0)	2014-08-10	73.4	18.5			
5	次高压B、C线全面检测项目	B干线(B-Z073-2.0)	2014-08-10	93.5	18			
6	次高压B、C线全面检测项目	B干线(B-Z130+7.0)	2014-08-10	122	15			
7	次高压D线全面检测项目	D干线(D-Z1936+6.0)	2013-03-15	138.6	11.5			
8	次高压D线全面检测项目	D干线(D-Z1957+9.0)	2013-03-15	153	10			
9	次高压D线全面检测项目	D干线(D-Z1730+8.0)	2013-03-15	53.7	10			
10	次高压D线全面检测项目	D干线(D-Z1901-33.0)	2013-03-15	142.7	9.5			
11	次高压D线全面检测项目	D干线(D-Z1760+6.0)	2013-03-15	48.3	16			
12	次高压D线全面检测项目	D干线(D-Z1916+17.0)	2013-03-15	161.4	9.5			
13	次高压D线全面检测项目	D干线(D-Z1875-6.0)	2013-03-15	96.1	9.5			
14	次高压D线全面检测项目	D干线(D-Z1860+7.0)	2013-03-15	113.4	13			
15	次高压D线全面检测项目	D1支线(D1-P060+17.0)	2013-03-15	108.8	11			
16	次高压D线全面检测项目	D1支线(D1-P011+3.0)	2013-03-15	161.9	11			

图 8-20 土壤理化性能测试数据

5. 外防腐层作业数据

记录并查看外防腐层作业数据(见图 8-21)。

6. 防腐层整体质量评级数据

记录并查看防腐层整体质量评级数据，并可对数据进行分级筛选，设置警戒色(见图 8-22)。

图 8-21 外防腐层作业数据

图 8-22 防腐层整体质量评级数据

7. 破损疑似点数据

记录并查看破损疑似点数据，并可对数据进行分级筛选，设置警戒色(见图 8-23)。系统自动对导入的破损疑似点进行评级，辅助工程师对破损疑似点进行分级管控，实现缺陷的闭环管理。

首页 破损疑似点数据

所属管线 最大梯度值(dB) 到

地图渲染 派工单 导出 统计分析 派工及修复 知识库 查询 重置 更多

序号	工作名称	起始位置~终止位置	检验管段	管线位置	检测日期	最大梯度值(dB)	级别	埋深(m
1	次高压A、D、F线全面检测项目	D1支线(D1-P014 + 0 ~ D1	D1-YJ007 G953-码头路9号东侧路面标桩D1-I	D1支线(D1-P050 + 9)	2016-08-23	52	三级	1.23
2	次高压A、D、F线全面检测项目	D1支线(D1-P014 + 0 ~ D1	D1-YJ007 G953-码头路9号东侧路面标桩D1-I	D1支线(D1-P046 + 3)	2016-08-23	26	二级	1.47
3	次高压A、D、F线全面检测项目	D1支线(D1-P014 + 0 ~ D1	D1-YJ007 G953-码头路9号东侧路面标桩D1-I	D干线(D-Z984 + 5)	2016-08-23	50	三级	1.42
4	次高压A、D、F线全面检测项目	F干线(F-P141 - 2 ~ F-Z18	F-YJ018测试井G1446-F-Z186号桩G1506	F干线(F-P144 + 2)	2016-08-23	48	三级	1.37
5	次高压A、D、F线全面检测项目	D干线(D-P248 + 0 ~ D-Z1	D-YJ002测试井G891-D-P248号桩处G928	D干线(D-Z1393 - 23)	2016-08-23	66	四级	1.45
6	次高压A、D、F线全面检测项目	D干线(D-P248 + 0 ~ D-Z1	D-YJ002测试井G891-D-P248号桩处G928	D干线(D-Z1745 + 17)	2016-08-23	61	四级	2.02
7	次高压A、D、F线全面检测项目	D干线(D-P248 + 0 ~ D-Z1	D-YJ002测试井G891-D-P248号桩处G928	D干线(D-Z1421 + 20)	2016-08-23	50	三级	2.68
8	次高压A、D、F线全面检测项目	D干线(D-P248 + 0 ~ D-Z1	D-YJ002测试井G891-D-P248号桩处G928	D干线(D-P1765 + 10)	2016-08-23	69	四级	3.12
9	次高压A、D、F线全面检测项目	D干线(D-P248 + 0 ~ D-Z1	D-YJ002测试井G891-D-P248号桩处G928	D干线(D-Z1895 - 5)	2016-08-23	91	四级	1.48
10	次高压A、D、F线全面检测项目	D干线(D-P248 + 0 ~ D-Z1	D-YJ002测试井G891-D-P248号桩处G928	D干线(D-Z1878 + 46)	2016-08-23	35	二级	1.66
11	次高压A、D、F线全面检测项目	D干线(D-P248 + 0 ~ D-Z1	D-YJ002测试井G891-D-P248号桩处G928	D干线(D-P1796 + 24)	2016-08-23	68	四级	1.74
12	次高压A、D、F线全面检测项目	D干线(D-P248 + 0 ~ D-Z1	D-YJ002测试井G891-D-P248号桩处G928	D干线(D-P1778 - 3)	2016-08-23	58	三级	1.82
13	次高压A、D、F线全面检测项目	D干线(D-P248 + 0 ~ D-Z1	D-YJ002测试井G891-D-P248号桩处G928	D干线(D-Z1503 - 15)	2016-08-23	37	二级	1.93
14	次高压A、D、F线全面检测项目	D干线(D-P150 + 0 ~ D-Z1	D-E6J1测试井G083-D-P1501桩G550	D干线(D-P398 - 25)	2016-08-23	62	四级	2.34
15	次高压A、D、F线全面检测项目	D干线(D-P150 + 0 ~ D-Z1	D-E6J1测试井G083-D-P1501桩G550	D干线(D-Z419 - 18)	2016-08-23	68	四级	2.38

第 1 页共 11 页 每页 50 行 当前显示第 1 - 50 行，共 536 行

Copyright © 深圳市燃气集团股份有限公司（系统运维组短号：660114）

图 8-23 破损疑似点数据

8. 阴保检测作业数据

记录并查看阴保检测作业数据(见图 8-24)。

首页 阴保检测作业数据

作业名称 所属部门 请选择...

新增 删除 知识库 查询 重置 更多

序号	工作名称	作业名称	所属部	开始日期	结束日期	填写人	当前流程节点	详细	编辑	录入	电位图	删除
1	管线阴极保护检测作业	2017年次高压管线C线阴保检测（下半年）	检测纟	2017-07-01	2017-12-31	检测组数据人	部门工程师审					
2	管线阴极保护检测作业	2017年高压管线HC线阴保检测（下半年）	检测纟	2017-07-01	2017-12-31	检测组数据人						
3	管线阴极保护检测作业	2017年高压管线HB线阴保检测（下半年）	检测纟	2017-07-01	2017-12-31	检测组数据人						
4	管线阴极保护检测作业	2017年高压管线HA线阴保检测（下半年）	检测纟	2017-07-01	2017-12-31	检测组数据人						
5	管线阴极保护检测作业	2017年次高压管线F线阴保检测（下半年）	检测纟	2017-07-01	2017-12-31	检测组数据人						
6	管线阴极保护检测作业	2017年次高压管线D线阴保检测（下半年）	检测纟	2017-07-01	2017-12-31	检测组数据人						
7	管线阴极保护检测作业	2017年次高压管线C线阴保检测（下半年）	检测纟	2017-07-01	2017-12-31	检测组数据人						
8	管线阴极保护检测作业	2017年次高压管线B线阴保检测（下半年）	检测纟	2017-07-01	2017-12-31	检测组数据人						
9	管线阴极保护检测作业	2017年次高压管线A线阴保检测（下半年）	检测纟	2017-07-01	2017-12-31	检测组数据人						
10	管线阴极保护检测作业	2017年高压管线HA线阴保检测（上半年）	检测纟	2017-04-01	2017-06-30	检测组数据人						
11	管线阴极保护检测作业	2017年次高压管线D线阴保检测（上半年）	检测纟	2017-03-01	2017-06-30	检测组数据人						
12	管线阴极保护检测作业	2017年次高压管线F线阴保检测（上半年）	检测纟	2017-04-01	2017-06-30	检测组数据人						
13	管线阴极保护检测作业	2017年次高压管线A线阴保检测（上半年）	检测纟	2017-03-01	2017-03-31	检测组数据人						
14	管线阴极保护检测作业	2017年次高压管线C线阴保检测（上半年）	检测纟	2017-01-05	2017-05-13	检测组数据人						
15	管线阴极保护检测作业	2017年次高压管线B线阴保检测（上半年）	检测纟	2017-02-01	2017-05-31	检测组数据人						

第 1 页共 2 页 每页 50 行 当前显示第 1 - 50 行，共 61 行

Copyright © 深圳市燃气集团股份有限公司（系统运维组短号：660114）

图 8-24 阴保检测作业数据

9. 阴保检测结果数据

记录并查看阴保检测结果数据(见图 8-25)。系统自动对导入的阴保检测结果数据进行分析并生成趋势图表，辅助工程师对阴保系统状况进行决策，实现缺陷的闭环管理。

图 8-25　阴保检测结果数据

10. 绝缘装置检测数据

记录并查看绝缘装置检测数据，并可对不合规数据进行筛选(见图 8-26)。

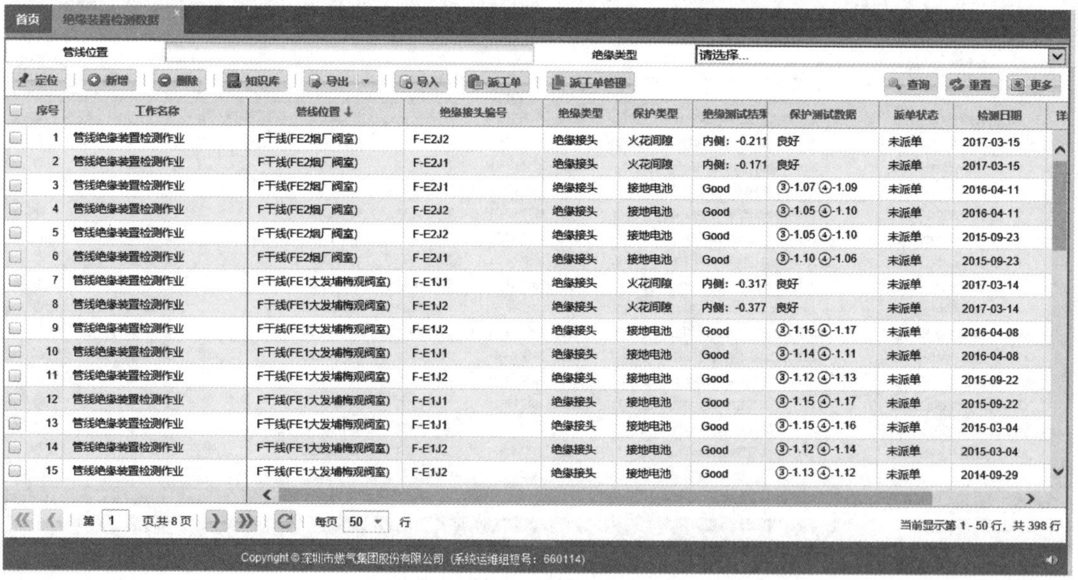

图 8-26　绝缘装置检测数据

11. 恒电位仪日常运行检测数据

记录并查看恒电位仪日常运行检测数据，并可对不合规数据进行筛选(见图 8-27)。

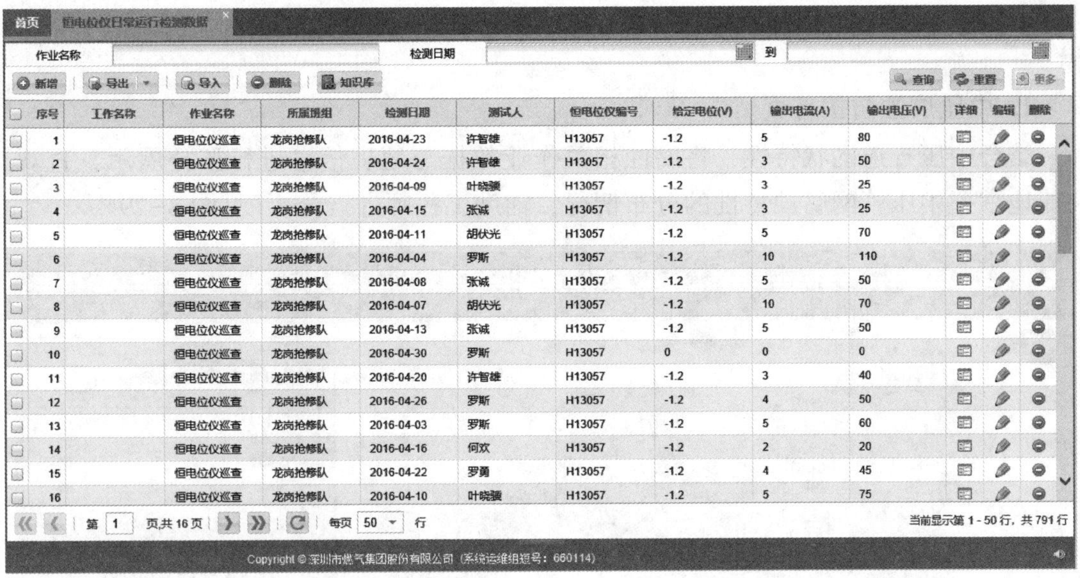

序号	工作名称	作业名称	所属班组	检测日期	测试人	恒电位仪编号	给定电位(V)	输出电流(A)	输出电压(V)	详细	编辑	删除
1		恒电位仪巡查	龙岗抢修队	2016-04-23	许智雄	H13057	-1.2	5	80			
2		恒电位仪巡查	龙岗抢修队	2016-04-24	许智雄	H13057	-1.2	3	50			
3		恒电位仪巡查	龙岗抢修队	2016-04-09	叶晓骥	H13057	-1.2	3	25			
4		恒电位仪巡查	龙岗抢修队	2016-04-15	张诚	H13057	-1.2	3	25			
5		恒电位仪巡查	龙岗抢修队	2016-04-11	胡伏光	H13057	-1.2	5	70			
6		恒电位仪巡查	龙岗抢修队	2016-04-04	罗斯	H13057	-1.2	10	110			
7		恒电位仪巡查	龙岗抢修队	2016-04-08	张诚	H13057	-1.2	5	50			
8		恒电位仪巡查	龙岗抢修队	2016-04-07	胡伏光	H13057	-1.2	10	70			
9		恒电位仪巡查	龙岗抢修队	2016-04-13	张诚	H13057	-1.2	5	50			
10		恒电位仪巡查	龙岗抢修队	2016-04-30	罗斯	H13057	0	0	0			
11		恒电位仪巡查	龙岗抢修队	2016-04-20	许智雄	H13057	-1.2	3	40			
12		恒电位仪巡查	龙岗抢修队	2016-04-26	罗斯	H13057	-1.2	4	50			
13		恒电位仪巡查	龙岗抢修队	2016-04-03	罗斯	H13057	-1.2	5	60			
14		恒电位仪巡查	龙岗抢修队	2016-04-16	何欢	H13057	-1.2	2	20			
15		恒电位仪巡查	龙岗抢修队	2016-04-22	罗勇	H13057	-1.2	4	45			
16		恒电位仪巡查	龙岗抢修队	2016-04-10	叶晓骥	H13057	-1.2	5	75			

图 8-27 恒电位仪日常运行检测数据

12. 阳极地床接地电阻检测作业

记录并查看阳极地床电阻检测作业数据，并可对不合规数据进行筛选（见图 8-28）。

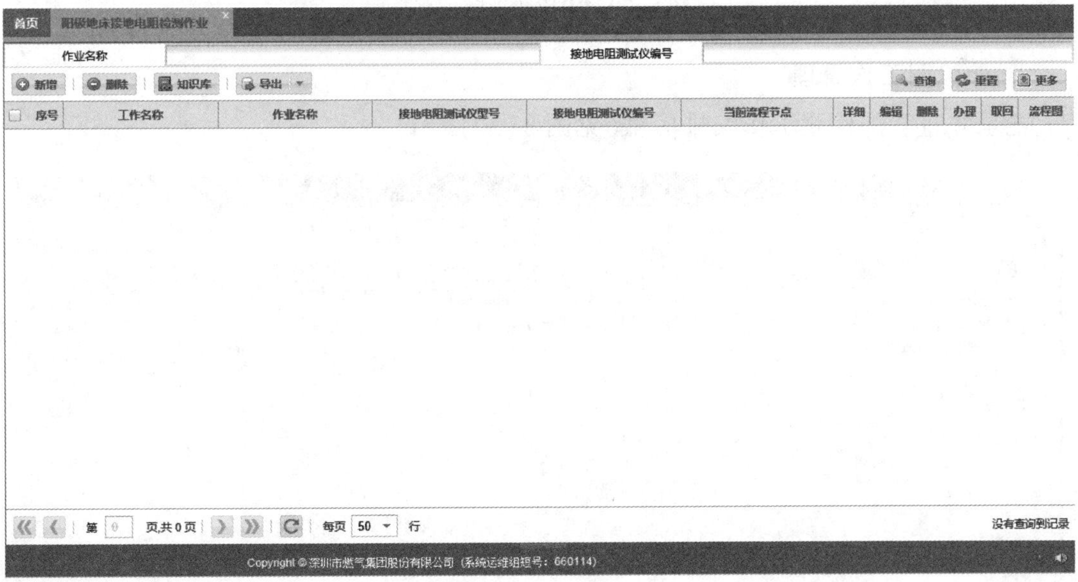

图 8-28 阳极地床接地电阻检测作业数据

8.4.2.2 中压腐蚀防护

1. 中压腐蚀防护首页

结合中压管道网状特性，将腐蚀相关作业数据与地理信息进行拓扑展示，直观并快捷地掌握中压管网腐蚀特性的分布情况，辅助工程师进行分析(见图 8-29)。

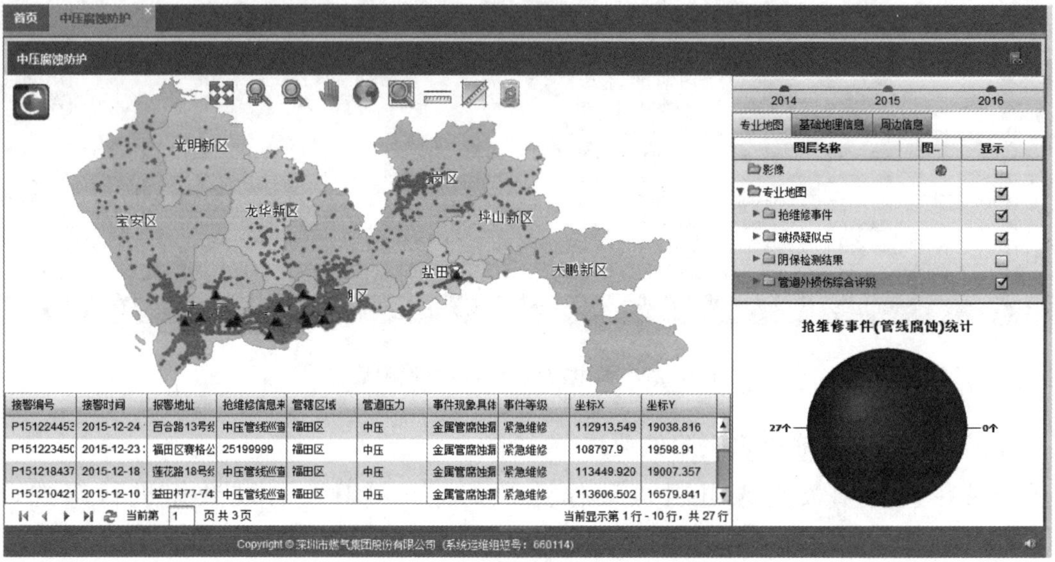

图 8-29 中压腐蚀防护首页

2. 外检测工作管理

记录并查看外检测工作安排信息(见图 8-30)。

图 8-30 外检测工作管理

3. 杂散电流数据

记录并查看杂散电流信息，并可对不合规数据进行筛选(见图 8-31)。

序号	工作名称	所在位置	检测日期	通电电位(mV)	交流电压(V)	详细	编辑	删除
1	阴保检测作业	罗芳路一治花园物业部旁	2016-06-29 15:08:00	-1314	0.258			
2	阴保检测作业	深盐路昊海酒店门口右30米	2016-06-29 13:53:00	-1389	0.204			
3	阴保检测作业	深盐路荔山人行天桥下	2016-06-29 13:45:00	-1401	0.027			
4	阴保检测作业	深盐路灯柱5009234左前方	2016-06-29 13:36:00	-1332	0.019			
5	阴保检测作业	海山路中国工商银行门口	2016-06-29 13:29:00	-970	0.016			
6	阴保检测作业	深盐路红绿灯灯杆旁	2016-06-29 12:55:00	-1062	0.066			
7	阴保检测作业	海涛路138号门牌对面	2016-06-29 12:45:00	-1148	0.138			
8	阴保检测作业	金融路门牌57对面	2016-06-29 12:00:00	-966	0.206			
9	阴保检测作业	罗芳路南方大厦地下停车场对面	2016-06-29 11:54:00	-1116	0.238			
10	阴保检测作业	沙深路灯柱5010120右后方	2016-06-29 11:52:00	-1129	0.27			
11	阴保检测作业	金融路门牌60门前	2016-06-29 11:52:00	-963	0.381			
12	阴保检测作业	罗芳路罗芳春花园门口	2016-06-29 11:46:00	-1103	0.035			
13	阴保检测作业	金融路门牌88门前	2016-06-29 11:41:00	-988	0.331			
14	阴保检测作业	罗芳路门牌号156对面	2016-06-29 11:32:00	-966	0.255			
15	阴保检测作业	金融路与沙深路灯柱5010087旁	2016-06-29 11:32:00	-1203	0.216			
16	阴保检测作业	罗芳路门牌号190-4对面	2016-06-29 11:24:00	-967	0.399			

图 8-31　杂散电流数据

4. 土壤理化性能测试数据

记录并查看土壤理化性能测试数据，并可对不合规数据进行筛选(见图 8-32)。

序号	工作名称	测量位置	检测日期	土壤电阻率(Ω/m)	总评价分数	详细	编辑	删除
1	中压管道全面检测项目	南天四幢北边车行道旁凝水缸G14	2014-10-25	113.5				
2	中压管道全面检测项目	上胶牵引器北侧三通标桩处G1428	2014-09-27	97.9				
3	中压管道全面检测项目	百花七路 1 号正对马路旁凝水缸G	2014-10-20	128.3				
4	中压管道全面检测项目	百花四路 39 号前绿化池凝液缸 G	2014-10-15	125.3				
5	中压管道全面检测项目	3 栋三单元门前正对凝水缸处G15	2014-09-22	217				
6	中压管道全面检测项目	松岭路 10号人行道测试井G1800	2014-09-13	162.2				
7	中压管道全面检测项目	1005102 号路灯东北侧距南侧直道	2014-11-13	235.5				
8	中压管道全面检测项目	38 栋 3 单元南侧转弯标桩旁G163	2014-11-07	324				
9	中压管道全面检测项目	庆安大厦入户端东侧凝水缸G384	2014-09-17	123.6				
10	中压管道全面检测项目	金碧酒店东面墙角入户端G1318	2014-09-17	99.8				
11	中压管道全面检测项目	天安国际大厦东侧凝水缸 G495	2014-09-17	122.7				
12	中压管道全面检测项目	2110015 路灯北侧 3.5m 凝水缸G	2014-09-18	136.5				
13	中压管道全面检测项目	布吉路 1019-8 号门前凝水缸G87	2014-08-27	109.1				
14	中压管道全面检测项目	洪湖二街东侧路口凝水缸 G796	2014-08-27	56.8				
15	中压管道全面检测项目	笋岗东路2007024号路灯东侧凝水	2014-09-27	97.3				
16	中压管道全面检测项目	银湖路跑马场门前凝水缸G993	2014-11-03	352				

图 8-32　土壤理化性能测试数据

5. 外防腐层作业数据

记录并查看外防腐层作业数据(见图 8-33)。

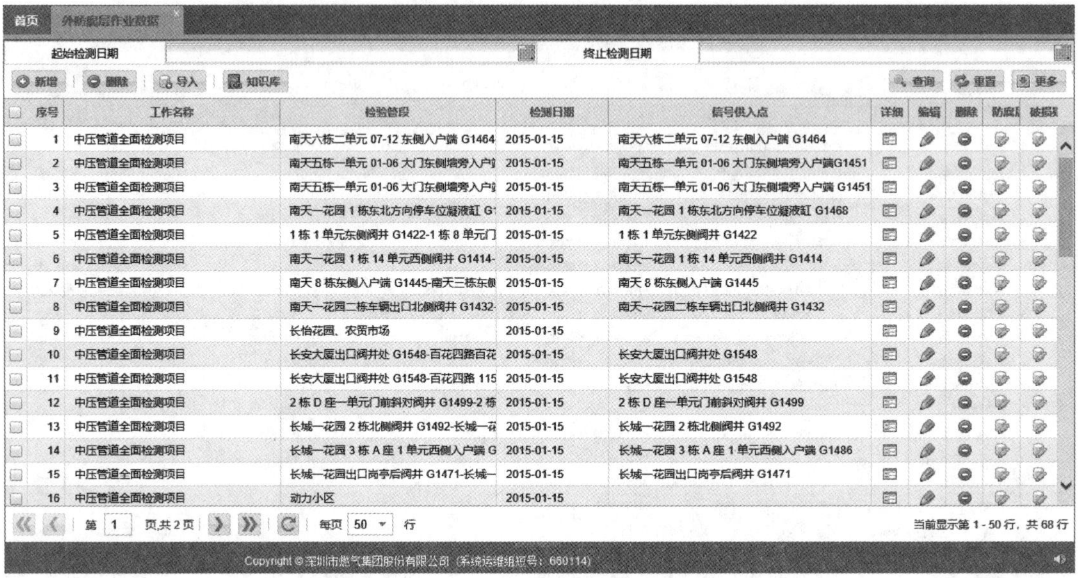

序号	工作名称	检验管段	检测日期	信号供入点	详细	编辑	删除	防腐	破损
1	中压管道全面检测项目	南天六栋二单元 07-12 东侧入户端 G1464	2015-01-15	南天六栋二单元 07-12 东侧入户端 G1464					
2	中压管道全面检测项目	南天五栋一单元 01-06 大门东侧墙旁入户端	2015-01-15	南天五栋一单元 01-06 大门东侧墙旁入户端G1451					
3	中压管道全面检测项目	南天五栋一单元 01-06 大门东侧墙旁入户端	2015-01-15	南天五栋一单元 01-06 大门东侧墙旁入户端 G1451					
4	中压管道全面检测项目	南天一花园 1 栋东北方向停车位凝液缸 G1	2015-01-15	南天一花园 1 栋东北方向停车位凝液缸 G1468					
5	中压管道全面检测项目	1 栋 1 单元东侧阀井 G1422-1 栋 8 单元门	2015-01-15	1 栋 1 单元东侧阀井 G1422					
6	中压管道全面检测项目	南天一花园 1 栋 14 单元西侧阀井 G1414-	2015-01-15	南天一花园 1 栋 14 单元西侧阀井 G1414					
7	中压管道全面检测项目	南天 8 栋东侧入户端 G1445-南天三栋东侧	2015-01-15	南天 8 栋东侧入户端 G1445					
8	中压管道全面检测项目	南天一花园二栋车辆出口北侧阀井 G1432-	2015-01-15	南天一花园二栋车辆出口北侧阀井 G1432					
9	中压管道全面检测项目	长怡花园、农贸市场	2015-01-15						
10	中压管道全面检测项目	长安大厦出口阀井处 G1548-百花四路百花	2015-01-15	长安大厦出口阀井处 G1548					
11	中压管道全面检测项目	长安大厦出口阀井处 G1548-百花四路 115	2015-01-15	长安大厦出口阀井处 G1548					
12	中压管道全面检测项目	2 栋 D 座一单元门前斜对阀井 G1499-2 栋	2015-01-15	2 栋 D 座一单元门前斜对阀井 G1499					
13	中压管道全面检测项目	长城一花园 2 栋北侧阀井 G1492-长城一花	2015-01-15	长城一花园 2 栋北侧阀井 G1492					
14	中压管道全面检测项目	长城一花园 3 栋 A 座 1 单元西侧入户端 G	2015-01-15	长城一花园 3 栋 A 座 1 单元西侧入户端 G1486					
15	中压管道全面检测项目	长城一花园出口岗亭后阀井 G1471-长城一	2015-01-15	长城一花园出口岗亭后阀井 G1471					
16	中压管道全面检测项目	动力小区	2015-01-15						

图 8-33　外防腐层作业数据

6. 防腐层整体质量评级数据

记录并查看防腐层整体质量评级数据,并可对数据进行分级筛选,设置警戒色(见图 8-34)。

序号	工作名称	检验管段	上一个检测点	当前检测点	距离(m)	检测日期	埋深(m)	电流衰减率(Y)	等级	详细
1	中压管道全面检测项	南天六栋二单元 07-1	/	118359.780924,20411.40	70	2015-01-15	0.59	/		
2	中压管道全面检测项	南天五栋一单元 01-0	/	118468.178168,20433.61	50	2015-01-15	1.27	/		
3	中压管道全面检测项	南天五栋一单元 01-0	118468.178168,20433.61	118421.649843,20419.61	100	2015-01-15	0.88	0.1048	三级	
4	中压管道全面检测项	南天五栋一单元 01-0	118421.649843,20419.61	118347.258277,20485.44	150	2015-01-15	0.60	0.0920	三级	
5	中压管道全面检测项	南天五栋一单元 01-0	/	118485.084106,20418.56	50	2015-01-15	0.94	/		
6	中压管道全面检测项	南天五栋一单元 01-0	118485.084106,20418.56	118438.302049,20495.01	170	2015-01-15	1.26	0.0646	三级	
7	中压管道全面检测项	南天一花园 1 栋东北	/	118444.204609,20860.39	40	2015-01-15	1.44	/		
8	中压管道全面检测项	1 栋 1 单元东侧阀井	/	118424.407072,20908.71	50	2015-01-15	1.45	/		
9	中压管道全面检测项	1 栋 1 单元东侧阀井	118424.407072,20908.71	118388.494443,20914.84	150	2015-01-15	1.25	0.0526	二级	
10	中压管道全面检测项	1 栋 1 单元东侧阀井	118388.494443,20914.84	118355.772037,20906.15	225	2015-01-15	1.68	0.1006	三级	
11	中压管道全面检测项	1 栋 1 单元东侧阀井	118355.772037,20906.15	118321.394858,20901.18	280	2015-01-15	1.65	0.0694	二级	
12	中压管道全面检测项	南天一花园 1 栋 14 单	/	118234.870008,20852.77	50	2015-01-15	1.36	/		
13	中压管道全面检测项	南天一花园 1 栋 14 单	118234.870008,20852.77	118245.216024,20856.29	75	2015-01-15	1.37	0.2046	四级	
14	中压管道全面检测项	南天一花园 1 栋 14 单	118245.216024,20856.29	118269.456148,20870.66	135	2015-01-15	1.05	0.0114	一级	
15	中压管道全面检测项	南天一花园 1 栋 14 单	118269.456148,20870.66	118305.368837,20864.53	235	2015-01-15	1.53	0.0308	二级	
16	中压管道全面检测项	南天 8 栋东侧入户端	/	118372.781478,20791.43	50	2015-01-15	0.95	/		

图 8-34　防腐层整体质量评级数据

7. 破损疑似点数据

记录并查看破损疑似点数据，并可对数据进行分级筛选，设置警戒色(见图 8-35)。系统自动对导入的破损疑似点进行评级，辅助工程师对破损疑似点进行分级管控，实现缺陷的闭环管理。

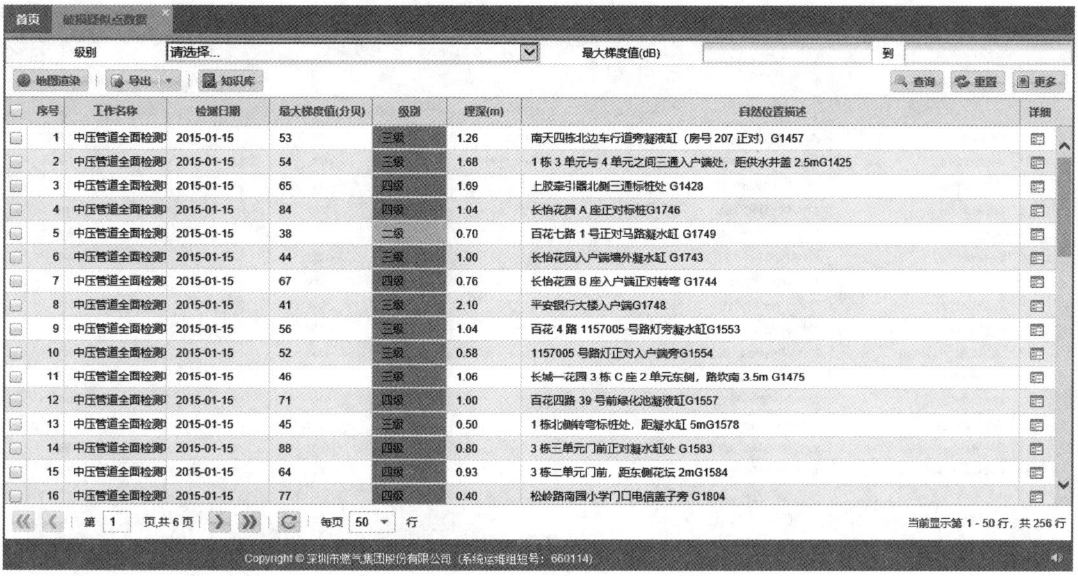

序号	工作名称	检测日期	最大梯度值(分贝)	级别	埋深(m)	自然位置描述	详细
1	中压管道全面检测	2015-01-15	53	三级	1.26	南天四栋北边车行道旁凝液缸（房号 207 正对）G1457	
2	中压管道全面检测	2015-01-15	54	三级	1.68	1 栋 3 单元与 4 单元之间三通入户端处，距供水井盖 2.5mG1425	
3	中压管道全面检测	2015-01-15	65	四级	1.69	上胶牵引器北侧三通标桩处 G1428	
4	中压管道全面检测	2015-01-15	84	四级	1.04	长怡花园 A 座正对标桩G1746	
5	中压管道全面检测	2015-01-15	38	二级	0.70	百花七路 1 号正对马路凝水缸 G1749	
6	中压管道全面检测	2015-01-15	44	三级	1.00	长怡花园入户端墙外凝水缸 G1743	
7	中压管道全面检测	2015-01-15	67	四级	0.76	长怡花园 B 座入户端正对转弯 G1744	
8	中压管道全面检测	2015-01-15	41	三级	2.10	平安银行大楼入户端G1748	
9	中压管道全面检测	2015-01-15	56	三级	1.04	百花 4 路 1157005 号路灯旁凝水缸G1553	
10	中压管道全面检测	2015-01-15	52	三级	0.58	1157005 号路灯正对入户端旁G1554	
11	中压管道全面检测	2015-01-15	46	三级	1.06	长城一花园 3 栋 C 座 2 单元东侧，路坎南 3.5m G1475	
12	中压管道全面检测	2015-01-15	71	四级	1.00	百花四路 39 号前绿化池凝液缸G1557	
13	中压管道全面检测	2015-01-15	45	三级	0.50	1 栋北侧转弯标桩处，距凝水缸 5mG1578	
14	中压管道全面检测	2015-01-15	88	四级	0.80	3 栋三单元门前正对凝水缸处 G1583	
15	中压管道全面检测	2015-01-15	64	四级	0.93	3 栋二单元门前，距东侧花坛 2mG1584	
16	中压管道全面检测	2015-01-15	77	四级	0.40	松岭路南园小学门口电信盖子旁 G1804	

图 8-35 破损疑似点数据

8. 阴保检测作业数据

记录并查看阴保检测作业数据(见图 8-36)。

序号	工作名称	作业名称	所属部门	开始日期	结束日期	填写人	详细	编辑	录入	删除
1	阴保检测作业	2016年上半年中压阴保检测	安全技术组	2016-03-08	2016-06-29	李钼				
2	阴保检测作业	2015年中压阴保检测	安全技术组	2015-01-01	2015-11-02	李钼				

图 8-36 阴保检测作业数据

9. 阴保检测结果数据

记录并查看阴保检测结果数据(见图8-37)。系统自动对导入的阴保检测结果数据进行分析并生成趋势图表，辅助工程师对阴保系统状况进行决策，实现缺陷的闭环管理。

序号	工作名称	所属作业	所在位置	检测时间	自然腐蚀电位(mV)	通电电位(mV)	断电电位(mV)	交流电压(V)	是否合格
1	阴保检测作业	2015年中压阴保检测	北环大道与朗山二	2015-01-01	-442	-966	0	0.189	不合格
2	阴保检测作业	2016年上半年中压阴保检	桂庙路阳光小学门	2016-05-06 16:21:00	-568	-978	-526	0.151	不合格
3	阴保检测作业	2015年中压阴保检测	群芳街高新派出所	2015-01-01	-379	-1134	-640	0.152	合格
4	阴保检测作业	2015年中压阴保检测	郎山路	2015-01-01	-408	-1555	-691	1.011	合格
5	阴保检测作业	2015年中压阴保检测	郎山路	2015-01-01	-347	-1371	-716	1.017	合格
6	阴保检测作业	2015年中压阴保检测	郎山路	2015-01-01	-386	-1273	-622	1.012	合格
7	阴保检测作业	2015年中压阴保检测	郎山路	2015-01-01	-348	-1060	-531	1.19	合格
8	阴保检测作业	2015年中压阴保检测	松坪山街	2015-01-01	-407	-1682	-582	0.052	合格
9	阴保检测作业	2015年中压阴保检测	深南大道	2015-01-01	-352	-1349	-725	0.186	合格
10	阴保检测作业	2015年中压阴保检测	深南大道与沙河东	2015-01-01	-316	-1338	-444	0.238	合格
11	阴保检测作业	2015年中压阴保检测	深南大道与沙河东	2015-01-01	-386	-1356	-516	0.099	合格
12	阴保检测作业	2015年中压阴保检测	深南大道	2015-01-01	-391	-1495	-582	0.069	合格
13	阴保检测作业	2015年中压阴保检测	杜鹃山西街	2015-01-01	-416	-1063	-550	0.551	合格
14	阴保检测作业	2015年中压阴保检测	杜鹃山西街	2015-01-01	-361	-1631	-705	0.295	合格
15	阴保检测作业	2015年中压阴保检测	杜鹃山西街	2015-01-01	-374	-822	-505	0.17	合格

图 8-37 阴保检测结果数据

8.4.3 灾害防治

灾害防治管理模块主要涵盖防汛管理，地质灾害的调查、评价以及防治管理，阀室防雷防静电的管理。其中巡查巡检是确保防汛与阀室防雷防静电的主要手段，地质灾害需要通过专业的队伍进行数据的采集与分析评价(见图8-38)。

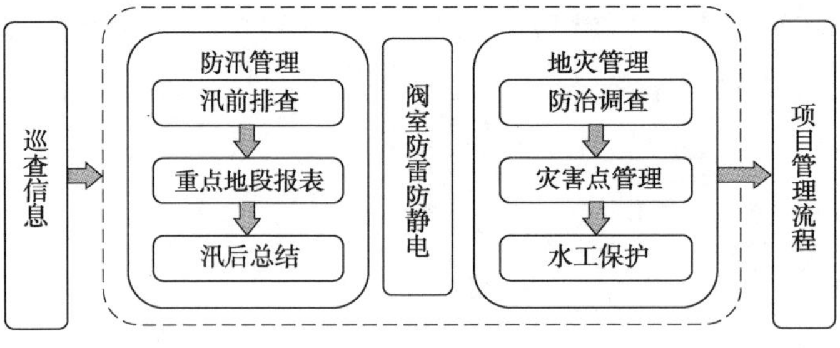

图 8-38 灾害防治业务流程图

8.4.3.1 灾害防治首页

在灾害防治首页能够看到地质灾害敏感点的概要信息、防治级别等信息(见图8-39)。

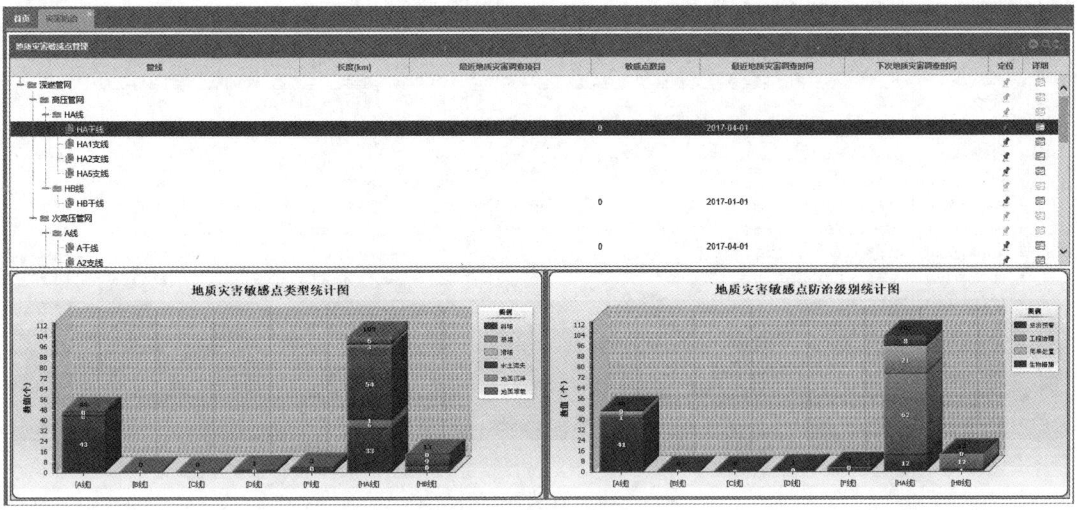

图 8-39　灾害防治首页

8.4.3.2　地质灾害调查工作管理

记录并查看地质灾害调查工作安排信息(见图 8-40)。

图 8-40　地质灾害调查工作管理

8.4.3.3　地质灾害敏感点数据

记录并查看地质灾害敏感点数据，并可对数据进行分级筛选，设置警戒色(见图 8-41)。系统自动对“管道变形及地质灾害监测系统”的报警数据进行导入，辅助工程师对地质灾害敏感点进行分级管控，实现缺陷的闭环管理。

图 8-41　地质灾害敏感点数据

8.4.3.4　地质灾害监测

与“管道变形及地质灾害监测系统”进行集成，可查看测点数据、探头数据、报警数据，并对数据进行分级筛选，设置警戒色(见图 8-42 和图 8-43)。

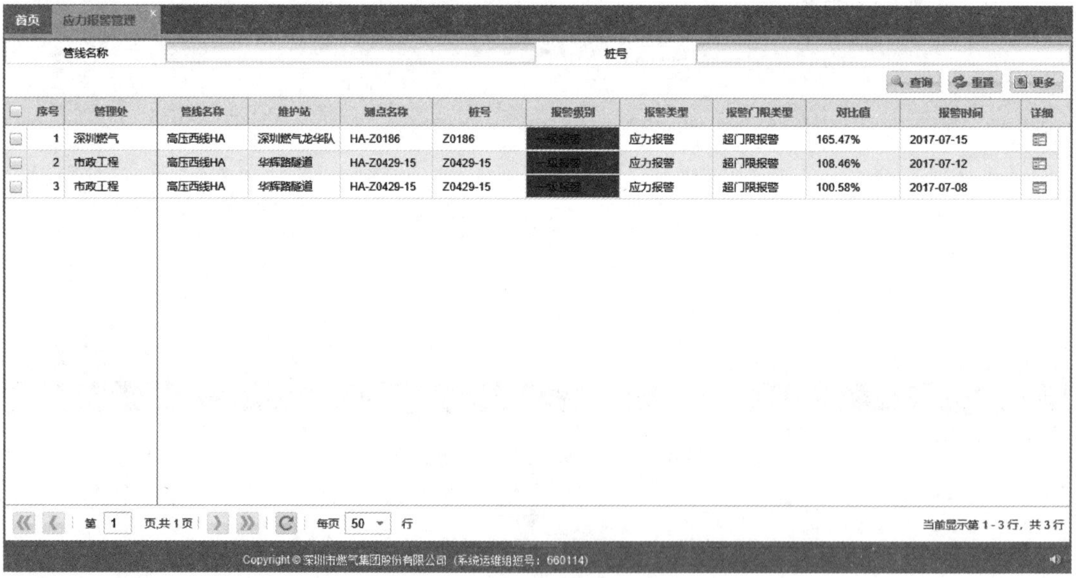

图 8-42　应力报警管理

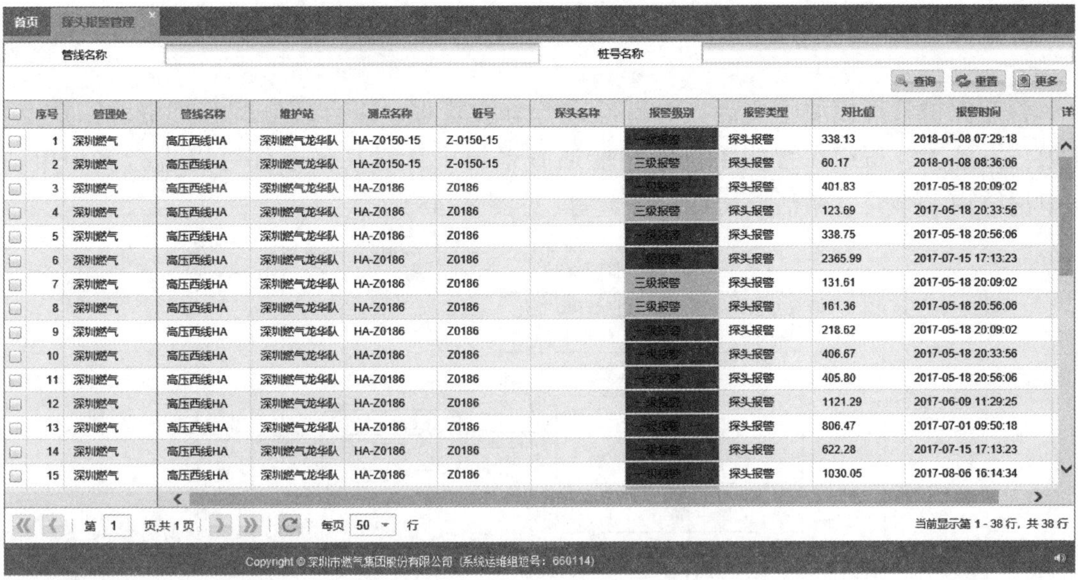

图 8-43　探头报警管理

8.4.3.5　管道变形及地质灾害监测与预警系统

采用管道变形及地质灾害监测与预警系统对相关管道进行管道本体应变变化和周边土壤变化的持续监测，随时掌握管道实时状况，及时发现潜在风险，提高管道安全运行效率。管道变形及地质灾害监测与预警系统利用通信网络，通过在地质灾害或其他灾害易发区域的管道上及其附近埋设传感器，在无人值守的情况下，将地质活动及管道变形情况传输到上位机，当监测数值超过规定值时会自动报警，使得管理人员能够在远端及时掌握管道安全情况。

监控端软件设计为 B/S 体系结构，主要由可视化管理、系统管理、用户管理、查询统计、策略管理、报警管理及预警预报等模块组成，实现用户权限与数据权限的灵活安全控制、监测测点和管线分布的可视化管理、应变和应力数据的直观显示、查询条件定制化管理、报警和采集策略灵活自由、预警预告直观多样(见图 8-44)。

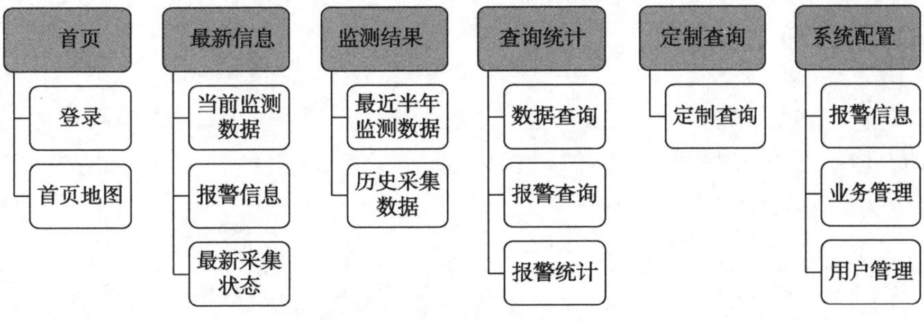

图 8-44　系统功能架构

8.4.4 管道保护

管道保护管理模块主要涵盖对事件进行分级管理，以合理分配管理资源；重点关注第三方施工，班组在智能手机的智能巡查系统中针对某一事件可以进行多项申请，如申请结束、维修、激活、协调、挂起等(见图 8-45)。

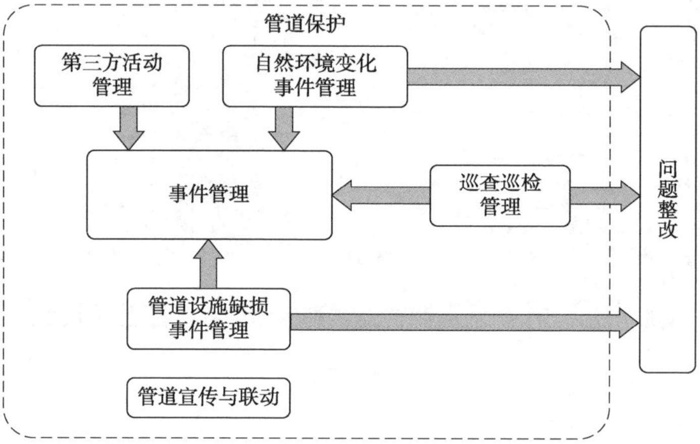

图 8-45　管道保护业务流程图

8.4.4.1 管道保护首页

与“智能巡查系统”集成，在管道保护首页能够看到巡线员、重点工地等信息(见图 8-46)。

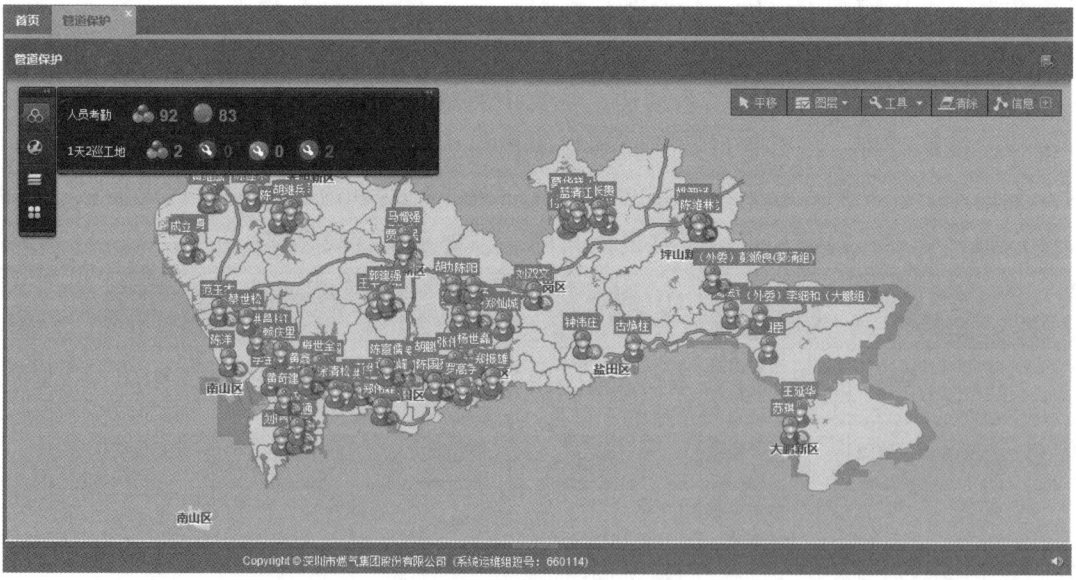

图 8-46　管道保护首页

8.4.4.2 管道巡查事件

1. 待办事项

与“智能巡查系统”集成，查看与办理“智能巡查系统”推送的待办事项(见图 8-47)。

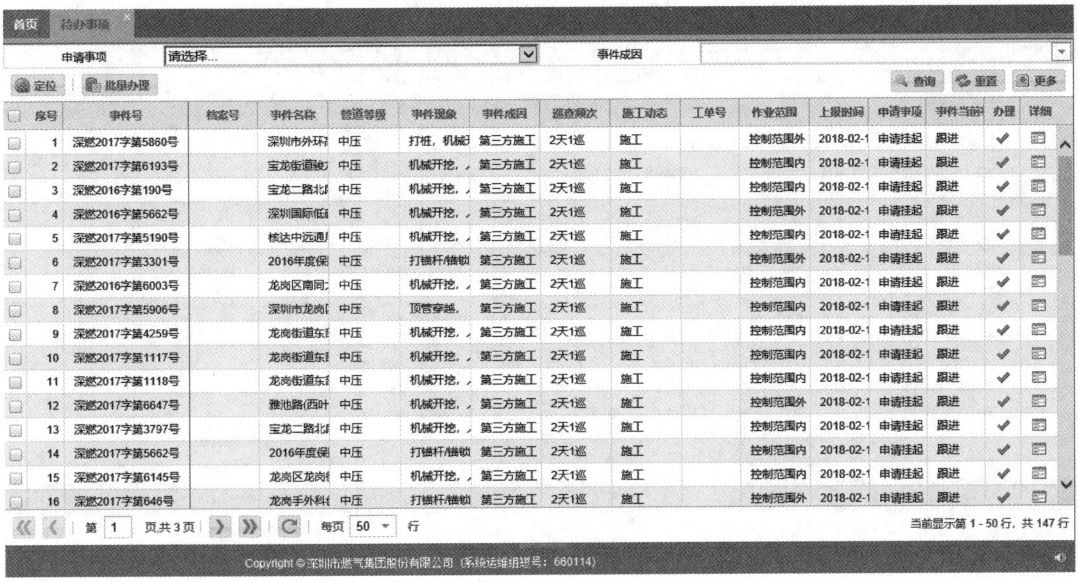

序号	事件号	档案号	事件名称	管道等级	事件现象	事件成因	巡查频次	施工动态	工单号	作业范围	上报时间	申请事项	事件当前	办理	详细
1	深燃2017字第5860号		深圳市外环	中压	打桩，机械	第三方施工	2天1巡	施工		控制范围外	2018-02-1	申请挂起	跟进	✔	
2	深燃2017字第6193号		宝龙街道骏	中压	机械开挖，.	第三方施工	2天1巡	施工		控制范围内	2018-02-1	申请挂起	跟进	✔	
3	深燃2016字第190号		宝龙二路北	中压	机械开挖，.	第三方施工	2天1巡	施工		控制范围内	2018-02-1	申请挂起	跟进	✔	
4	深燃2016字第5662号		深圳国际低	中压	机械开挖，.	第三方施工	2天1巡	施工		控制范围外	2018-02-1	申请挂起	跟进	✔	
5	深燃2017字第5190号		核达中远通	中压	机械开挖，.	第三方施工	2天1巡	施工		控制范围内	2018-02-1	申请挂起	跟进	✔	
6	深燃2017字第3301号		2016年度保	中压	打锚杆/锚锁	第三方施工	2天1巡	施工		控制范围外	2018-02-1	申请挂起	跟进	✔	
7	深燃2016字第6003号		龙岗区南同	中压	机械开挖，.	第三方施工	2天1巡	施工		控制范围内	2018-02-1	申请挂起	跟进	✔	
8	深燃2017字第5906号		深圳市龙岗	中压	顶管穿越，	第三方施工	2天1巡	施工		控制范围内	2018-02-1	申请挂起	跟进	✔	
9	深燃2017字第4259号		龙岗街道东	中压	机械开挖，.	第三方施工	2天1巡	施工		控制范围内	2018-02-1	申请挂起	跟进	✔	
10	深燃2017字第1117号		龙岗街道东	中压	机械开挖，.	第三方施工	2天1巡	施工		控制范围内	2018-02-1	申请挂起	跟进	✔	
11	深燃2017字第1118号		龙岗街道东	中压	机械开挖，.	第三方施工	2天1巡	施工		控制范围内	2018-02-1	申请挂起	跟进	✔	
12	深燃2017字第6647号		雅池路(西叶	中压	机械开挖，.	第三方施工	2天1巡	施工		控制范围外	2018-02-1	申请挂起	跟进	✔	
13	深燃2017字第3797号		宝龙二路北	中压	机械开挖，.	第三方施工	2天1巡	施工		控制范围内	2018-02-1	申请挂起	跟进	✔	
14	深燃2017字第5662号		2016年度保	中压	打锚杆/锚锁	第三方施工	2天1巡	施工		控制范围内	2018-02-1	申请挂起	跟进	✔	
15	深燃2017字第6145号		龙岗区龙岗	中压	机械开挖，.	第三方施工	2天1巡	施工		控制范围内	2018-02-1	申请挂起	跟进	✔	
16	深燃2017字第646号		龙岗手外科	中压	打锚杆/锚锁	第三方施工	2天1巡	施工		控制范围外	2018-02-1	申请挂起	跟进	✔	

图 8-47　待办事项

2. 工地管理

查看与办理工地事件信息，并可对数据进行分级筛选，设置警戒色(见图 8-48)。

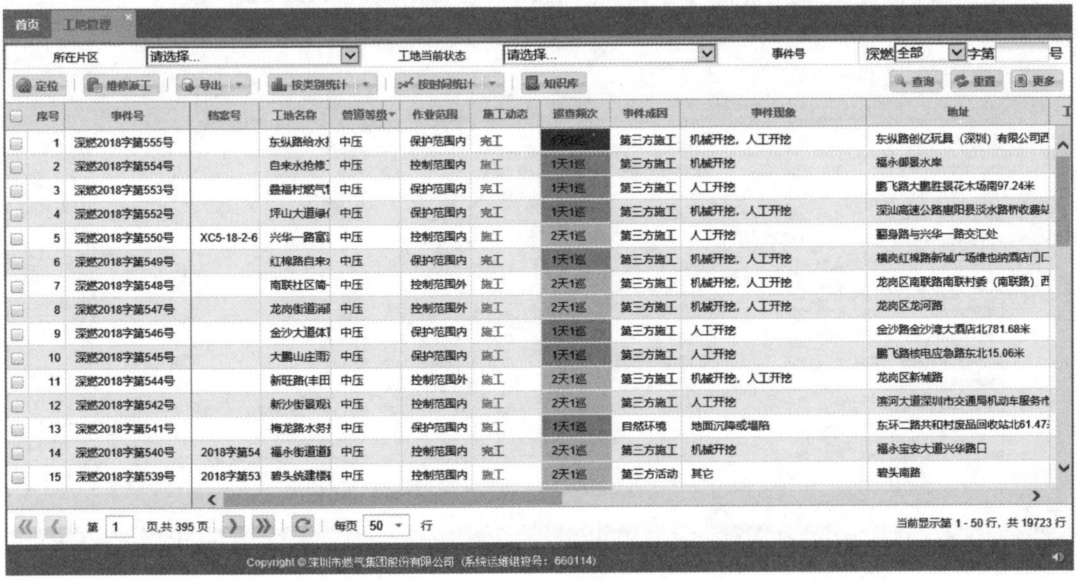

序号	事件号	档案号	工地名称	管道等级	作业范围	施工动态	巡查频次	事件成因	事件现象	地址
1	深燃2018字第555号		东纵路给水	中压	保护范围内	完工	1天2巡	第三方施工	机械开挖，人工开挖	东纵路创亿玩具（深圳）有限公司西
2	深燃2018字第554号		自来水抢修	中压	控制范围内	施工	1天1巡	第三方施工	机械开挖	福永御景水岸
3	深燃2018字第553号		叠福村燃气	中压	保护范围内	完工	1天1巡	第三方施工	人工开挖	鹏飞路大鹏胜景花木场南97.24米
4	深燃2018字第552号		坪山大道绿	中压	保护范围内	完工	1天1巡	第三方施工	机械开挖，人工开挖	深汕高速公路惠阳县淡水路桥收费站
5	深燃2018字第550号	XC5-18-2-6	兴华一路富	中压	控制范围内	施工	2天1巡	第三方施工	人工开挖	翻身路与兴华一路交汇处
6	深燃2018字第549号		红棉路自来	中压	保护范围内	完工	1天1巡	第三方施工	机械开挖，人工开挖	横岗红棉路新城广场维也纳酒店门口
7	深燃2018字第548号		南联社区简	中压	控制范围外	施工	2天1巡	第三方施工	机械开挖，人工开挖	龙岗区南联路南联村委（南联路）西
8	深燃2018字第547号		龙岗街道消	中压	控制范围外	施工	2天1巡	第三方施工	机械开挖，人工开挖	龙岗区龙河路
9	深燃2018字第546号		金沙大道体	中压	保护范围内	施工	1天1巡	第三方施工	人工开挖	金沙路金沙湾大酒店北781.68米
10	深燃2018字第545号		大鹏山庄雨	中压	保护范围内	施工	1天1巡	第三方施工	人工开挖	鹏飞路核电应急路东北15.06米
11	深燃2018字第544号		新旺路(丰田	中压	控制范围外	施工	2天1巡	第三方施工	机械开挖，人工开挖	龙岗区新城路
12	深燃2018字第542号		新沙街景观	中压	控制范围内	施工	2天1巡	第三方施工	人工开挖	滨河大道深圳市交通局机动车服务
13	深燃2018字第541号		梅龙路水务	中压	保护范围内	施工	1天1巡	自然环境	地面沉降或塌陷	东环二路共和村废品回收站北61.47
14	深燃2018字第540号	2018字第54	福永街道道	中压	控制范围内	完工	2天1巡	第三方施工	机械开挖	福永宝安大道兴华路口
15	深燃2018字第539号	2018字第53	碧头统建楼	中压	控制范围内	施工	2天1巡	第三方活动	其它	碧头南路

图 8-48　工地管理

3. 第三方活动

查看与办理第三方活动事件信息，并可对数据进行分级筛选，设置警戒色（见图 8-49）。

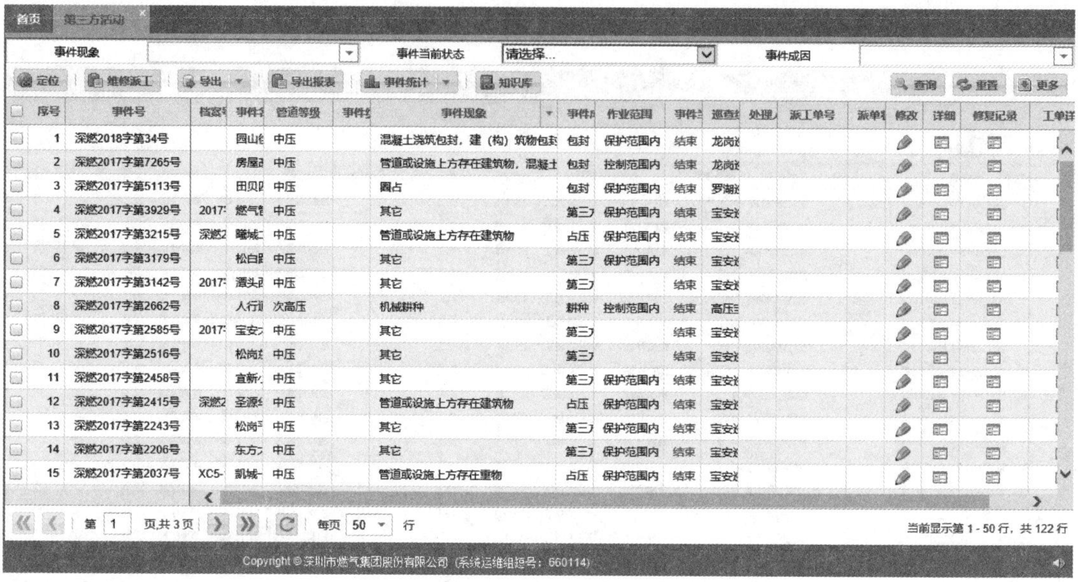

图 8-49　第三方活动

4. 自然环境变化

查看与办理自然环境变化事件信息，并可对数据进行分级筛选，设置警戒色（见图 8-50）。

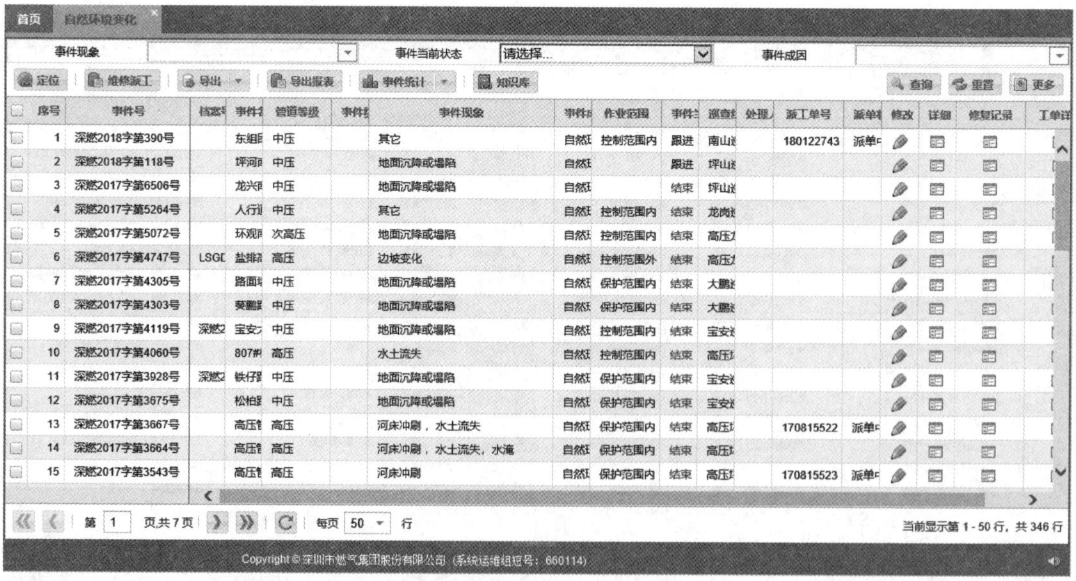

图 8-50　自然环境变化

5. 管线及设施

查看与办理管线及设施事件信息，并可对数据进行分级筛选，设置警戒色（见图 8-51）。

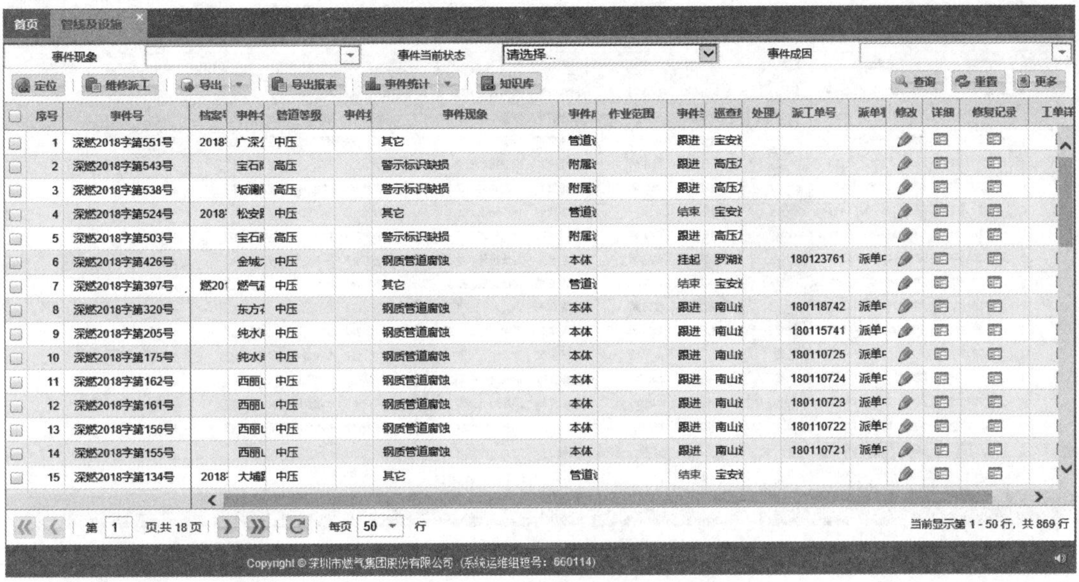

图 8-51　管线及设施

6. 与其他管线交叉

查看与办理与其他管线交叉事件信息，并可对数据进行分级筛选，设置警戒色（见图 8-52）。

图 8-52　与其他管线交叉

7. 工地汇总统计

查看工地汇总统计信息，并可对数据进行分级筛选，设置警戒色(见图 8-53)。

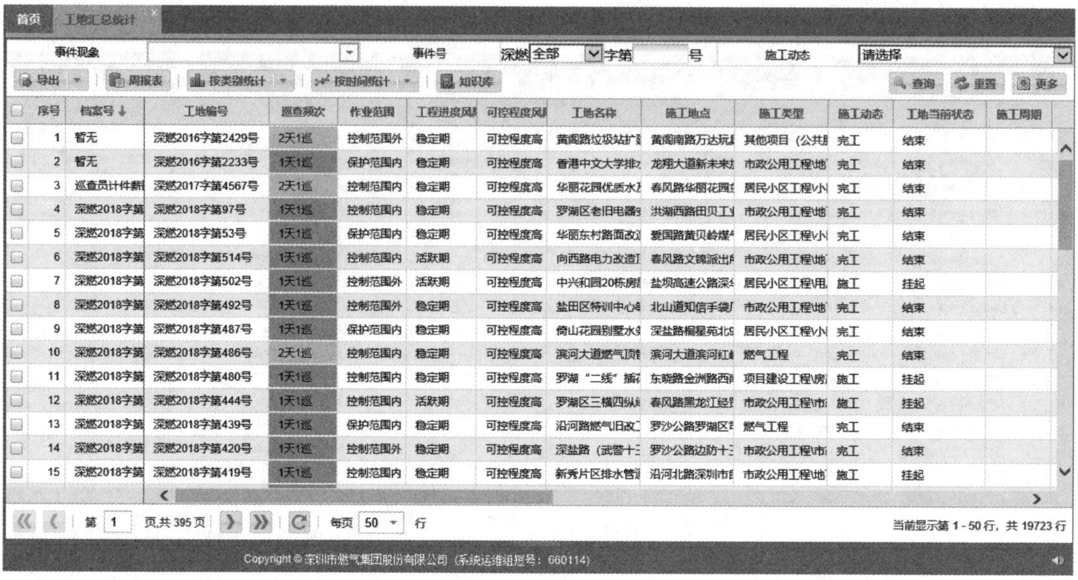

图 8-53　工地汇总统计

8. 工地统计图

按级别、施工类别、月新增、年新增这四个维度查看工地统计图信息(见图 8-54)。

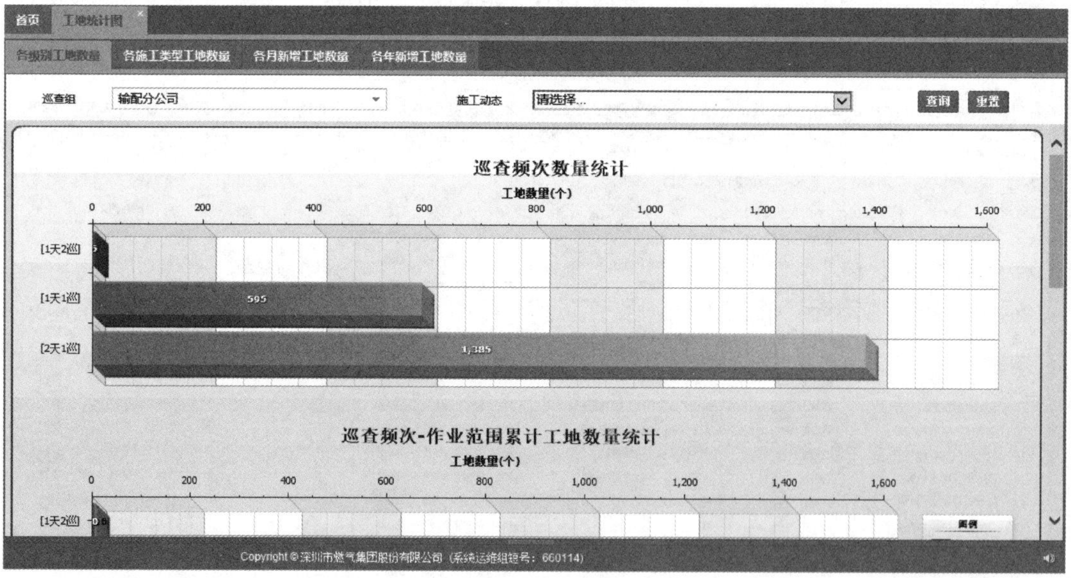

图 8-54　工地统计图

9. 巡查人员考勤

记录并查看巡查人员考勤信息(见图 8-55)。

	姓名	角色	巡查组	在线时间	签到关键点	上报数	普通事件跟踪数	工地事件跟踪数	巡查里程	
1	郭建强	工地巡查员	龙华巡查队	13小时	20	0	0	24	165.2公里	查看明细
2	肖仲绪	管线巡查员	龙华巡查队	21.3小时	113	0	0	18	354.17公里	查看明细
3	张好学	工地巡查员	龙华巡查队	29.68小时	41	0	0	99	647.36公里	查看明细
4	朱代伟	工地巡查员	龙华巡查队	41.32小时	134	0	0	145	646.48公里	查看明细
5	张毅岚	副班组长	龙华巡查队	0小时	0	0	0	0	0公里	查看明细
6	王千理	管线巡查员	龙华巡查队	37.83小时	103	0	0	91	313.27公里	查看明细
7	王平	工地巡查员	龙华巡查队	14.43小时	114	0	0	8	257.77公里	查看明细
8	贾建民	管线巡查员	龙华巡查队	18.43小时	71	0	0	31	685.15公里	查看明细
9	陈恩波	资料员	龙华巡查队	0小时	0	0	0	0	0公里	查看明细
10	王春岑	管线巡查员	龙华巡查队	47.95小时	179	2	0	123	612.09公里	查看明细

图 8-55　巡查人员考勤

10. 工单管理

记录并查看工单信息(见图 8-56)。

序号	工单号	派工时间	维修单位	工作要求	当前流程节点	详细	编辑	删除	短信	办理	取回	流程图
1	180123761	2018-01-23 17:31:32			事件办理班组接单							
2	180122743	2018-01-22 16:05:00			事件办理班组接单							
3	180118742	2018-01-18 08:49:07			事件办理班组接单							
4	180115741	2018-01-15 08:46:15			事件办理班组接单							
5	180110725	2018-01-10 16:36:33			事件办理班组接单							
6	180110724	2018-01-10 11:13:24			事件办理班组接单							
7	180110723	2018-01-10 11:12:46			事件办理班组接单							
8	180110722	2018-01-10 11:12:25			事件办理班组接单							
9	180110721	2018-01-10 11:12:00			事件办理班组接单							
10	180104702	2018-01-04 17:27:57										
11	180103701	2018-01-03 17:29:25										
12	171215681	2017-12-15 10:43:06										
13	171215661	2017-12-15 10:42:10										
14	171207641	2017-12-07 09:16:39										
15	171106603	2017-11-06 10:14:33										
16	171101581	2017-11-01 16:56:07										

图 8-56　工单管理

8.4.4.3　管道宣传及信息沟通

1. 外部沟通记录

记录并查看外部沟通记录信息(见图 8-57)。

图 8-57　外部沟通记录

2. 保护宣传

记录并查看管道保护宣传信息(见图 8-58)。

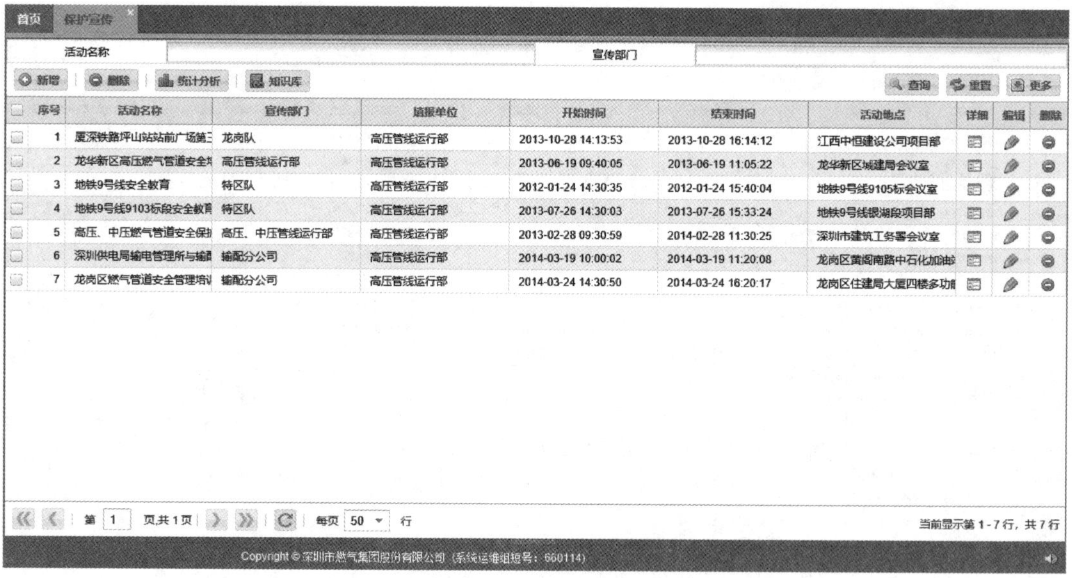

图 8-58　保护宣传

8.4.4.4　手机智能巡查与巡检系统

为有效监控管道周边施工活动和自然环境变化，及时跟踪和报告威胁管道运行安全的事件，应用无线网络传输技术、地理信息技术、GPS 卫星定位技术，开发建设了手机智能巡查系统，具备巡查任务实时查询、轨迹跟踪回放功能，从而实现对管道周边施工活动和自然环境变化事件的有效监控，如图 8-59 所示。

图 8-59　手机智能巡查系统

为及时发现燃气管道泄漏事件，准确定位、实时汇报和快速处置，实现管道巡检工作的电子化和智能化，结合北斗和移动互联网技术，开发建设了燃气管网设施智能巡检系统。该系统由前端系统和后台管理系统组成，如图 8-60 所示。前端系统供巡检队员使用，采用安卓系统的平板电脑；后台管理系统供巡检班组资料员、班组长和相关领导使用，主要上报巡检过程中发现的燃气泄漏紧急事故/事件以及现场相应处置情况。系统采用专门的服务器支撑，保证了数据传输质量和效率。

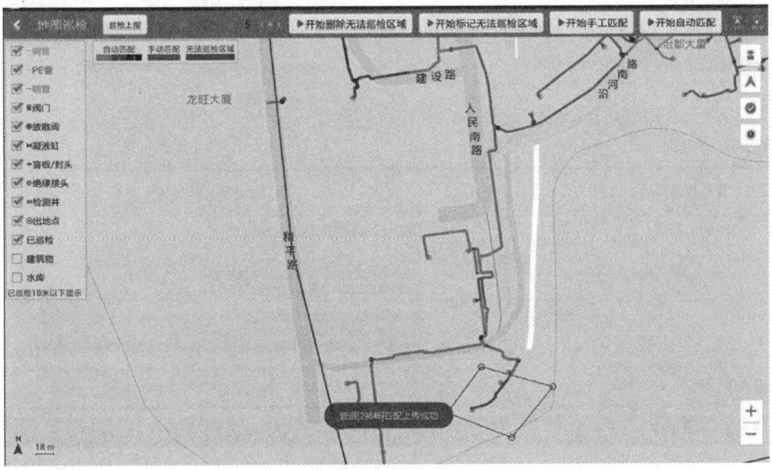

图 8-60　智能巡检系统

8.4.5 应急管理

应急管理模块主要涵盖对预警、响应预案多级化管理；抢维修记录结构化管理及历史数据处理；应急演练计划流程化管理，多类型对比分析；抢维修事件多级数据分析钻取、多维度统计分析(见图8-61)。

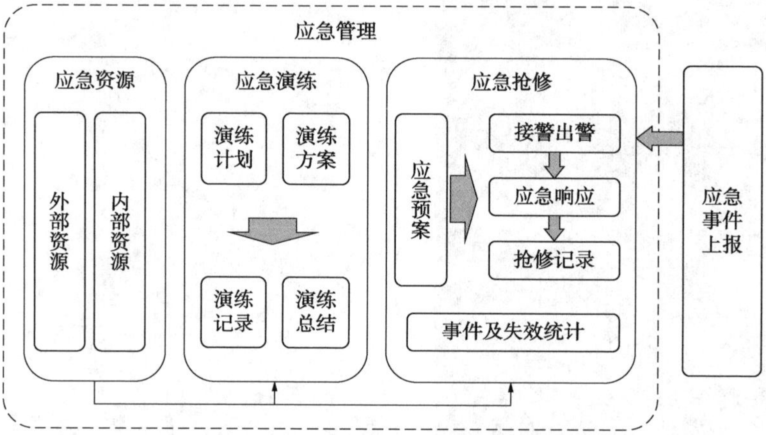

图8-61　应急管理业务流程图

8.4.5.1 应急管理首页

在应急管理首页能够看到未完成的抢修工作汇总信息、本周应急事件作业类型统计图、本月应急事件性质统计图(见图8-62)。

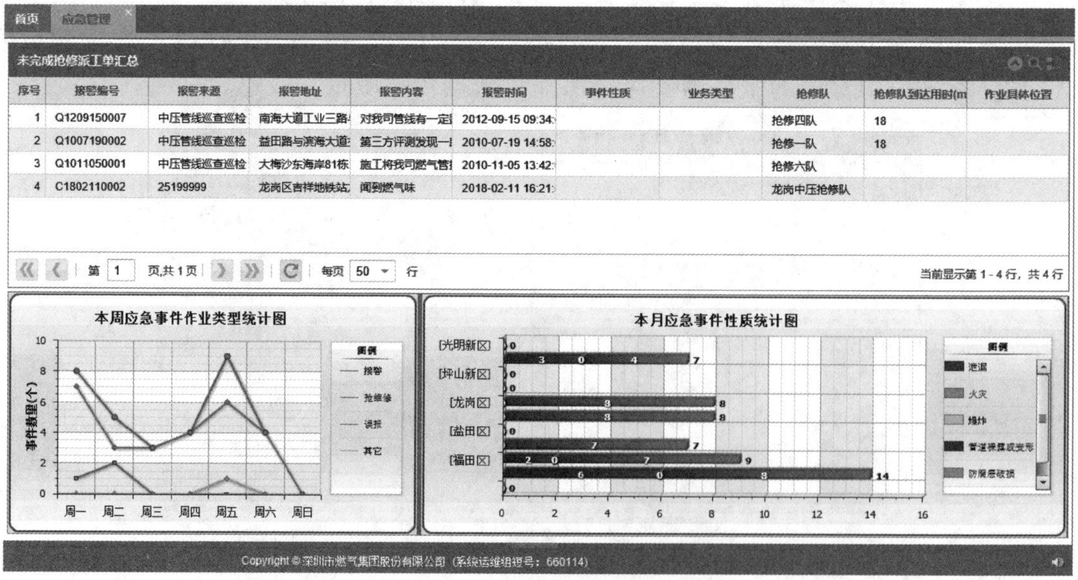

图8-62　应急管理首页

8.4.5.2 应急响应及处置

1. 接警登记

记录并查看接警登记信息，与“智能巡查系统”“CIS 系统”进行集成，同步报警信息，统一进行接警处理(见图 8-63)。

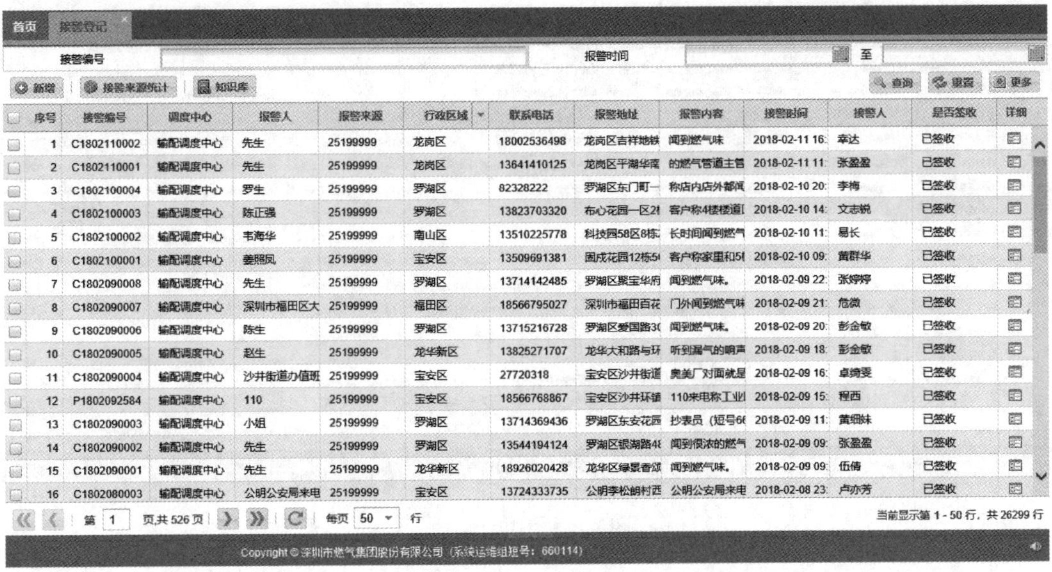

序号	接警编号	调度中心	报警人	报警来源	行政区域	联系电话	报警地址	报警内容	接警时间	接警人	是否签收	详细
1	C1802110002	输配调度中心	先生	25199999	龙岗区	18002536498	龙岗区吉祥地铁	闻到燃气味	2018-02-11 16:	幸达	已签收	
2	C1802110001	输配调度中心	先生	25199999	龙岗区	13641410125	龙岗区平湖华南	的燃气管道主管	2018-02-11 11:	张盈盈	已签收	
3	C1802100004	输配调度中心	罗生	25199999	罗湖区	82328222	罗湖区东门町一	称店内店外都闻	2018-02-10 20:	李梅	已签收	
4	C1802100003	输配调度中心	陈正强	25199999	罗湖区	13823703320	布心花园一区2	客户称4楼楼道	2018-02-10 14:	文志锐	已签收	
5	C1802100002	输配调度中心	韦海华	25199999	南山区	13510225778	科技园58区8栋	长时间闻到燃气	2018-02-10 11:	易长	已签收	
6	C1802100001	输配调度中心	姜照凤	25199999	宝安区	13509691381	固戍花园12栋5	客户称家里和5	2018-02-10 09:	黄群华	已签收	
7	C1802090008	输配调度中心	先生	25199999	罗湖区	13714142485	罗湖区聚宝华府	闻到燃气味。	2018-02-09 22:	张婷婷	已签收	
8	C1802090007	输配调度中心	深圳市福田区大	25199999	福田区	18566795027	深圳市福田百花	门外闻到燃气味	2018-02-09 21:	危微	已签收	
9	C1802090006	输配调度中心	陈生	25199999	罗湖区	13715216728	罗湖区爱国路3	闻到燃气味。	2018-02-09 20:	彭金敏	已签收	
10	C1802090005	输配调度中心	赵生	25199999	龙华新区	13825271707	龙华大和路与环	听到漏气的响声	2018-02-09 18:	彭金敏	已签收	
11	C1802090004	输配调度中心	沙井街道办值班	25199999	宝安区	27720318	宝安区沙井街道	奥美厂对面就是	2018-02-09 16:	卓绮雯	已签收	
12	P1802092584	输配调度中心	110	25199999	宝安区	18566768867	宝安区沙井环镇	110来电称工业	2018-02-09 15:	程西	已签收	
13	C1802090003	输配调度中心	小姐	25199999	罗湖区	13714369436	罗湖区东安花园	抄表员（短号6	2018-02-09 11:	黄细妹	已签收	
14	C1802090002	输配调度中心	先生	25199999	罗湖区	13544194124	罗湖区银湖路4	闻到很浓的燃气	2018-02-09 09:	张盈盈	已签收	
15	C1802090001	输配调度中心	先生	25199999	龙华新区	18926020428	龙华区绿景香颂	闻到燃气味。	2018-02-09 09:	伍倩	已签收	
16	C1802080003	输配调度中心	公明公安局来电	25199999	宝安区	13724333735	公明李松朗村西	公明公安局来电	2018-02-08 23:	卢亦芳	已签收	

图 8-63　接警登记

2. 接警派工

记录并查看接警派工信息(见图 8-64)。

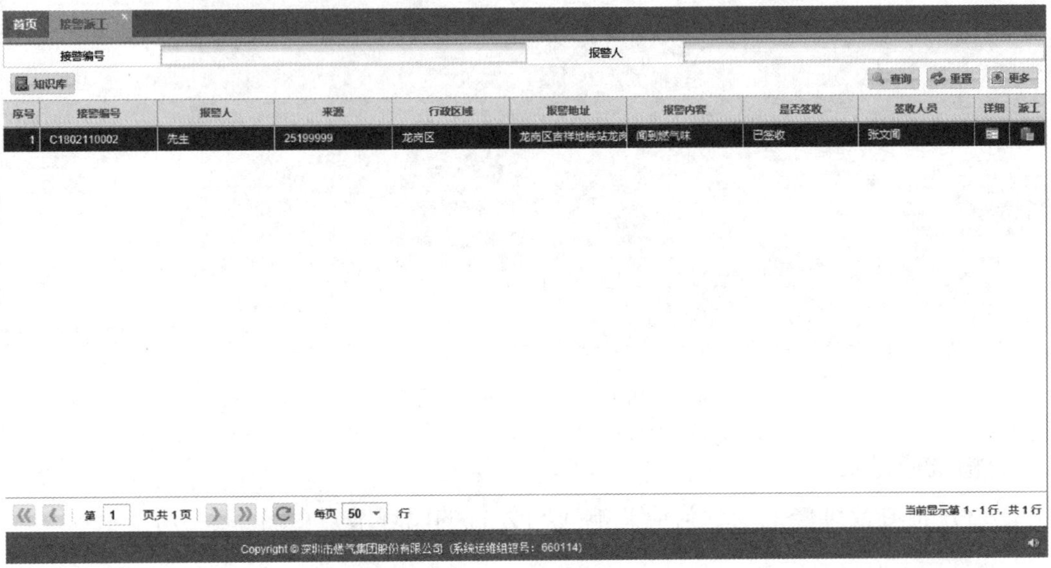

序号	接警编号	报警人	来源	行政区域	报警地址	报警内容	是否签收	签收人员	详细	派工
1	C1802110002	先生	25199999	龙岗区	龙岗区吉祥地铁站龙岗	闻到燃气味	已签收	张文阁		

图 8-64　接警派工

3. 应急响应

记录并查看应急响应信息（见图 8-65），通过应急分析与处置功能（见图 8-66），标准化作业流程，实现快速响应。

图 8-65　应急响应

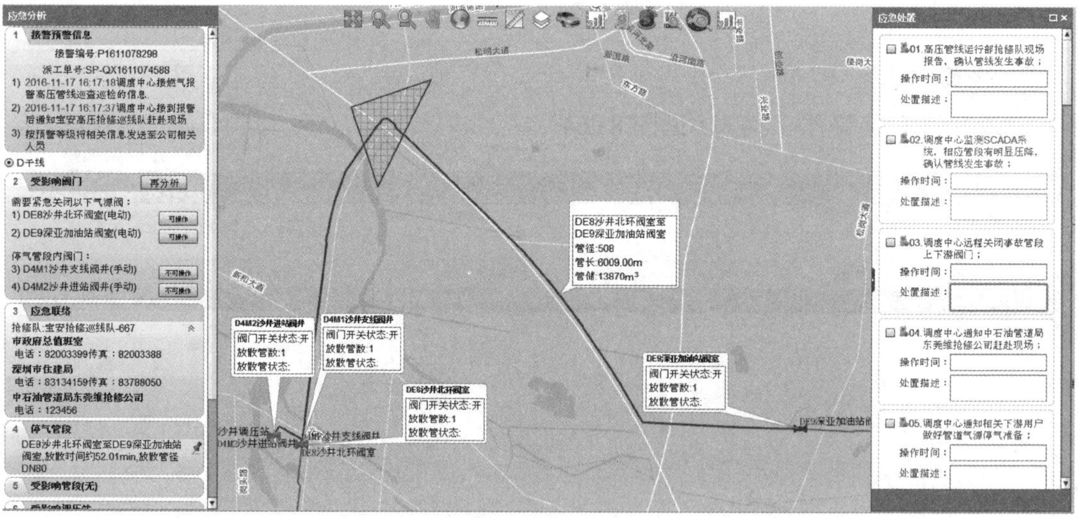

图 8-66　应急分析与处置

4. 抢维修记录

记录并查看抢维修记录，为应急响应与处置的闭环节点（见图 8-67）。

序号	接警编号	报警人	报警时间	报警地址	抢维修信息来源	管辖区域	事件性质	抢修队	派工单号	管道压力
1	I1802061182	邱木溪 | 陆汉王	2018-02-06 09:12:08	沙河西路珠光路南45	中压管线巡查巡检	南山区	泄漏	西丽中压抢修队(三队)	SP-QX1802068976	中压
2	I1802061181	邱木溪 | 陆汉王	2018-02-06 08:52:27	沙河西路龙联幼儿园	中压管线巡查巡检	南山区	泄漏	西丽中压抢修队(三队)	SP-QX1802068975	中压
3	P1802052548	胡鹏	2018-02-05 10:49:31	华富村东区8栋4单元	中压管线巡查巡检	福田区	泄漏	南园中压抢修队(五队)	SP-QX1802058968	
4	I1802021180	赵红中	2018-02-02 15:11:48	月亮湾大道月亮湾山	中压管线巡查巡检	南山区	泄漏	前海中压抢修队(四队)	SP-QX1802028961	
5	I1802021179	赵红中	2018-02-02 15:04:58	月亮湾大道月亮湾山	中压管线巡查巡检	南山区	泄漏	前海中压抢修队(四队)	SP-QX1802028960	
6	I1802021178	赵红中	2018-02-02 14:48:08	月亮湾大道月亮湾小	中压管线巡查巡检	南山区	泄漏	前海中压抢修队(四队)	SP-QX1802028959	
7	I1802021176	陈海青 | 谭发章	2018-02-02 14:36:38	布龙公路创电子西北	中压管线巡查巡检	龙华新区	泄漏	龙华中压抢修队	SP-QX1802028958	中压
8	I1802021175	陈海青 | 谭发章	2018-02-02 14:19:22	布龙公路荔花山庄西	中压管线巡查巡检	龙华新区	泄漏	龙华中压抢修队	SP-QX1802028957	中压
9	I1802021174	陈海青 | 谭发章	2018-02-02 14:05:56	布龙公路世纪春城四	中压管线巡查巡检	龙华新区	泄漏	龙华中压抢修队	SP-QX1802028956	中压
10	P1802012495	黄鑫	2018-02-01 16:07:18	艺园路与玉泉路西北	中压管线巡查巡检	南山区	泄漏	西丽中压抢修队(三队)	SP-QX1802018953	中压
11	P1802012492	巡查员 谭立峰	2018-02-01 10:21:59	东海外国语学校西南	中压管线巡查巡检	福田区	泄漏	景田中压抢修队(一队)	SP-QX1802018927	中压
12	I1801301173	李炎青	2018-01-30 15:00:08	广东省深圳市福田区	中压管线巡查巡检	福田区	泄漏	景田中压抢修队(一队)	SP-QX1801308926	中压
13	P1801302487	抢修王师傅	2018-01-30 14:49:30	宝安区都市翠海出地	25199999	宝安区	泄漏	宝安中压抢修队	SP-QX1801308925	中压
14	I1801301172	林才坤 | 朱镜业	2018-01-30 11:19:15	建安新村10栋2单元	中压管线巡查巡检	宝安区	泄漏	宝安中压抢修队	SP-QX1801308923	中压
15	I1801301171	林才坤 | 朱镜业	2018-01-30 11:14:29	建安新村10栋1单元	中压管线巡查巡检	宝安区	泄漏	宝安中压抢修队	SP-QX1801308922	中压

图 8-67 抢维修记录

5. 数据查询统计

根据“接警编号”“接警时间”等条件进行查询统计(见图 8-68)。

序号	接警编号	报警时间	报警来源	行政区域	派工单号	抢修队	抢修队到达用时(分)	事件性质	业务类型
1	C1802110002	2018-02-11 16:21:57	25199999	龙岗区	SP-QX1802119036	龙岗中压抢修队			
2	C1802110001	2018-02-11 11:06:26	25199999	龙岗区	SP-QX1802119035	布吉中压抢修队	20		误报
3	C1802100004	2018-02-10 20:10:48	25199999	罗湖区	SP-QX1802109060	罗芳中压抢修队	10		误报
4	C1802100003	2018-02-10 14:40:27	25199999	罗湖区	SP-QX1802109059	罗芳中压抢修队	15		误报
5	C1802100002	2018-02-10 11:56:25	25199999	南山区	SP-QX1802109058	西丽中压抢修队	13		误报
6	C1802100001	2018-02-10 09:38:02	25199999	宝安区	SP-QX1802109057	宝安中压抢修队	25		误报
7	C1802090008	2018-02-09 22:11:38	25199999	罗湖区	SP-QX1802099056	罗芳中压抢修队	8		误报
8	C1802090007	2018-02-09 21:41:00	25199999	福田区	SP-QX1802099055	南园中压抢修队	12		误报
9	C1802090006	2018-02-09 20:47:27	25199999	罗湖区	SP-QX1802099054	罗芳中压抢修队	12		误报
10	C1802090005	2018-02-09 18:05:29	25199999	龙华新区	SP-QX1802099053	龙华中压抢修队	15		客服分公司
11	C1802090004	2018-02-09 16:07:35	25199999	宝安区					
12	P1802092584	2018-02-09 15:23:29	25199999	宝安区	SP-QX1802099034	松岗中压抢修队	20		误报
13	C1802090003	2018-02-09 11:16:43	25199999	罗湖区					
14	C1802090002	2018-02-09 09:32:50	25199999	罗湖区	SP-QX1802099052	南园中压抢修队	19		误报
15	C1802090001	2018-02-09 09:05:34	25199999	龙华新区	SP-QX1802099051	龙华中压抢修队	18		误报

图 8-68 数据查询统计

8.4.5.3 应急救援资料库

1. 外部联络

记录并查看应急救援的外部联络信息(见图 8-69)。

序号	所属单位	姓名	办公/值班电话	移动电话	传真	专项活动类别	信息责任部门	更新日期	详细	编辑	删除
1	市住建局燃气处	肖华		13823525523			深圳燃气集团 安全扌	2014-09-17 09:47:5			
2	市国资委值班室		83883251		83883065		深圳燃气集团 安全扌	2014-01-13 08:58:5			
3	市交通运输委值班室		83168123		83165191		深圳燃气集团 安全扌	2014-01-13 08:58:5			
4	火警		110				深圳燃气集团 安全扌	2014-01-13 08:58:5			
5	市住建局燃气处	李发挥	83788552	13609617901			深圳燃气集团 安全扌	2014-01-13 08:58:5			
6	市人居环境委值班室		23911751		23911818		深圳燃气集团 安全扌	2014-01-13 08:58:5			
7	光明新区总值班室		88211999		88211900		深圳燃气集团 安全扌	2014-01-13 08:58:5			
8	市城管局值班室		83916271		83916692		深圳燃气集团 安全扌	2014-01-13 08:58:5			
9	特服		112				深圳燃气集团 安全扌	2014-01-13 08:58:5			
10	宝安区总值班室		27866666		27759841		深圳燃气集团 安全扌	2014-01-13 08:58:5			
11	市水务局值班室		83072888		83072266		深圳燃气集团 安全扌	2014-01-13 08:58:5			
12	福田区总值班室		82912345		82918364		深圳燃气集团 安全扌	2014-01-13 08:58:5			
13	市住建局燃气处	陈澄波	83788011	13825233999			深圳燃气集团 安全扌	2015-02-26 10:14:3			
14	市住房建设局值班室		83785028/8378503		83788050		深圳燃气集团 安全扌	2014-01-13 08:58:5			
15	查询		114				深圳燃气集团 安全扌	2014-01-13 08:58:5			
16	市住建局燃气处	任芝琳	83785029	13652332706	83785029		深圳燃气集团 安全扌	2014-01-13 08:58:5			

图 8-69 外部联络

2. 承包商

记录并查看应急救援的承包商信息(见图 8-70)。

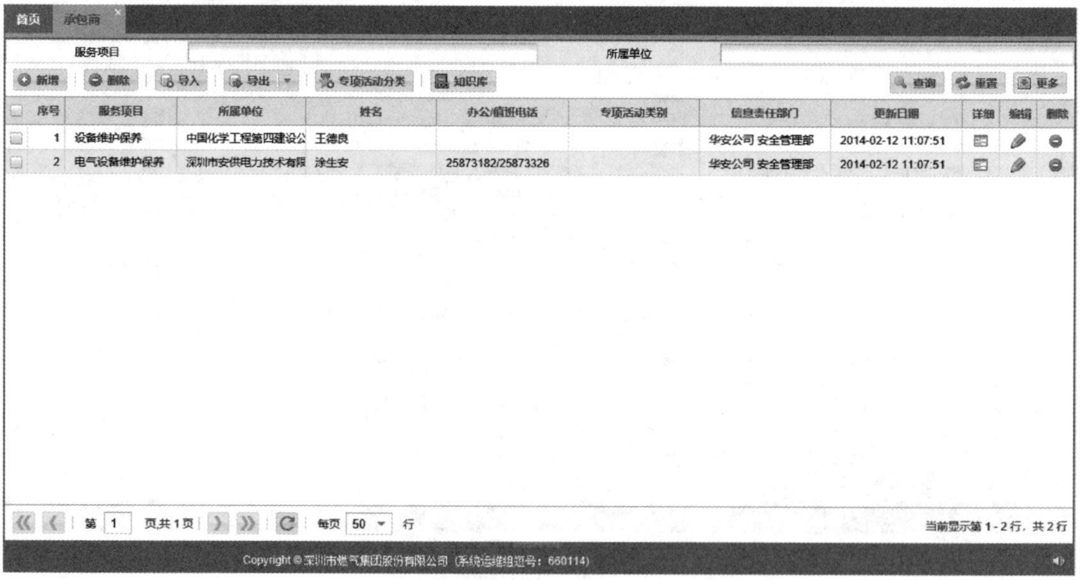

序号	服务项目	所属单位	姓名	办公/值班电话	专项活动类别	信息责任部门	更新日期	详细	编辑	删除
1	设备维护保养	中国化学工程第四建设公	王德良			华安公司 安全管理部	2014-02-12 11:07:51			
2	电气设备维护保养	深圳市安供电力技术有限	涂生安	25873182/25873326		华安公司 安全管理部	2014-02-12 11:07:51			

图 8-70 承包商

3. 集团应急人员

记录并查看集团应急人员的信息(见图 8-71)。

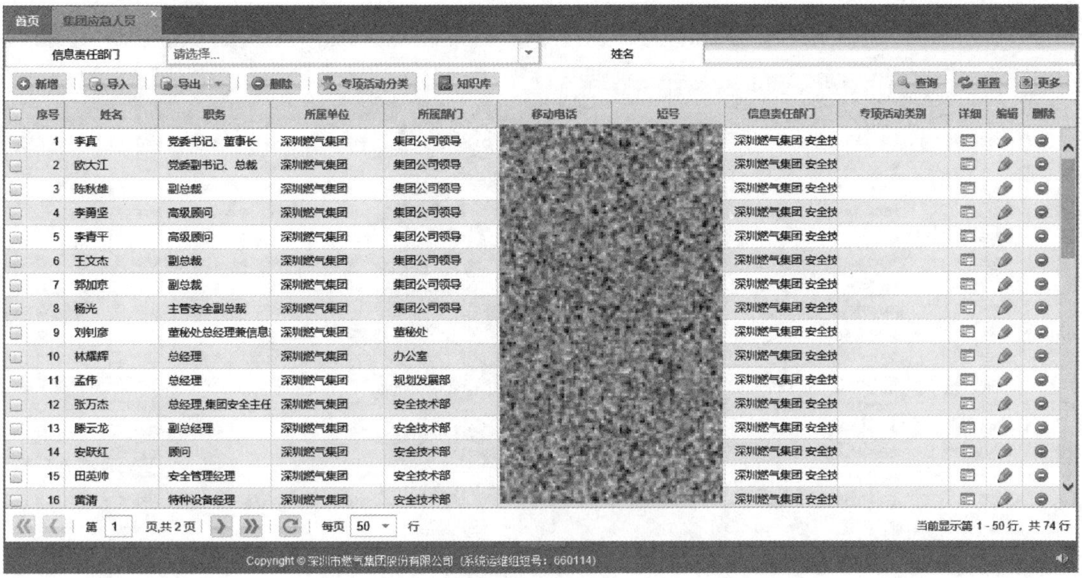

首页 集团应急人员

信息责任部门 请选择... 姓名

新增 导入 导出 删除 专项活动分类 知识库 查询 重置 更多

序号	姓名	职务	所属单位	所属部门	移动电话	短号	信息责任部门	专项活动类别	详细	编辑	删除
1	李真	党委书记、董事长	深圳燃气集团	集团公司领导			深圳燃气集团 安全技				
2	欧大江	党委副书记、总裁	深圳燃气集团	集团公司领导			深圳燃气集团 安全技				
3	陈秋雄	副总裁	深圳燃气集团	集团公司领导			深圳燃气集团 安全技				
4	李勇坚	高级顾问	深圳燃气集团	集团公司领导			深圳燃气集团 安全技				
5	李青平	高级顾问	深圳燃气集团	集团公司领导			深圳燃气集团 安全技				
6	王文杰	副总裁	深圳燃气集团	集团公司领导			深圳燃气集团 安全技				
7	郭加京	副总裁	深圳燃气集团	集团公司领导			深圳燃气集团 安全技				
8	杨光	主管安全副总裁	深圳燃气集团	集团公司领导			深圳燃气集团 安全技				
9	刘钊彦	董秘处总经理兼信息	深圳燃气集团	董秘处			深圳燃气集团 安全技				
10	林耀辉	总经理	深圳燃气集团	办公室			深圳燃气集团 安全技				
11	孟伟	总经理	深圳燃气集团	规划发展部			深圳燃气集团 安全技				
12	张万杰	总经理,集团安全主任	深圳燃气集团	安全技术部			深圳燃气集团 安全技				
13	滕云龙	副总经理	深圳燃气集团	安全技术部			深圳燃气集团 安全技				
14	安跃红	顾问	深圳燃气集团	安全技术部			深圳燃气集团 安全技				
15	田英帅	安全管理经理	深圳燃气集团	安全技术部			深圳燃气集团 安全技				
16	黄清	特种设备经理	深圳燃气集团	安全技术部			深圳燃气集团 安全技				

第 1 页,共2页 每页 50 行 当前显示第 1 - 50 行, 共 74 行

Copyright © 深圳市燃气集团股份有限公司 (系统运维组短号: 660114)

图 8-71 集团应急人员

4. 专家及技术人员

记录并查看应急救援的专家及技术人员信息(见图 8-72)。

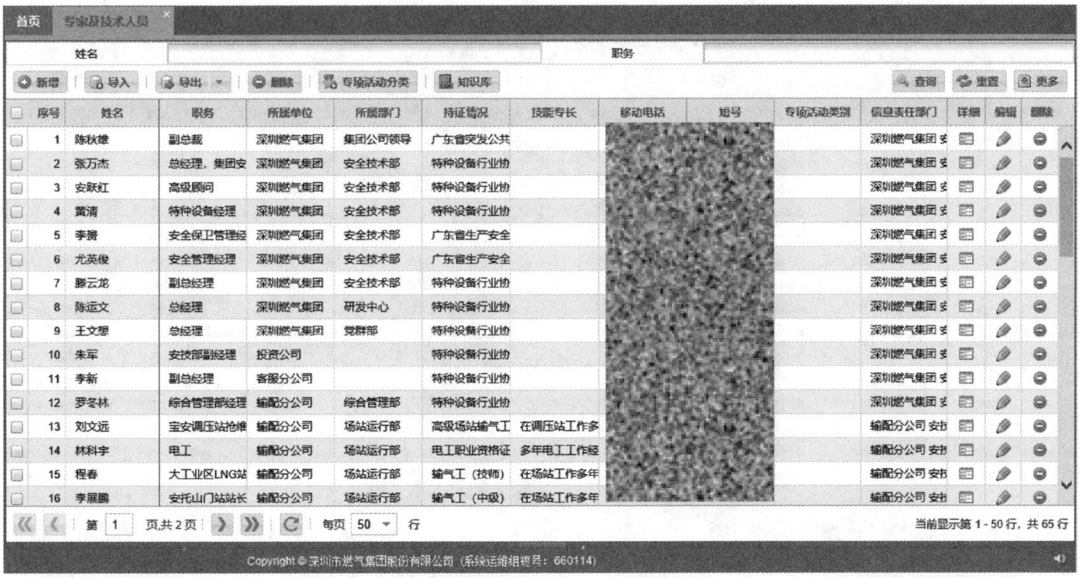

首页 专家及技术人员

姓名 职务

新增 导入 导出 删除 专项活动分类 知识库 查询 重置 更多

序号	姓名	职务	所属单位	所属部门	持证情况	技能专长	移动电话	短号	专项活动类别	信息责任部门	详细	编辑	删除
1	陈秋雄	副总裁	深圳燃气集团	集团公司领导	广东省突发公共					深圳燃气集团 安			
2	张万杰	总经理，集团安	深圳燃气集团	安全技术部	特种设备行业协					深圳燃气集团 安			
3	安跃红	高级顾问	深圳燃气集团	安全技术部	特种设备行业协					深圳燃气集团 安			
4	黄清	特种设备经理	深圳燃气集团	安全技术部	特种设备行业协					深圳燃气集团 安			
5	李赟	安全保卫管理经	深圳燃气集团	安全技术部	广东省生产安全					深圳燃气集团 安			
6	尤英俊	安全管理经理	深圳燃气集团	安全技术部	广东省生产安全					深圳燃气集团 安			
7	滕云龙	副总经理	深圳燃气集团	安全技术部	特种设备行业协					深圳燃气集团 安			
8	陈运文	总经理	深圳燃气集团	研发中心	特种设备行业协					深圳燃气集团 安			
9	王文想	总经理	深圳燃气集团	党群部	特种设备行业协					深圳燃气集团 安			
10	朱军	安技部副经理	投资公司		特种设备行业协					深圳燃气集团 安			
11	李新	副总经理	客服分公司		特种设备行业协					深圳燃气集团 安			
12	罗冬林	综合管理部经理	输配分公司	综合管理部	特种设备行业协					深圳燃气集团 安			
13	刘文远	宝安调压站抢维	输配分公司	场站运行部	高级场站输气工	在调压站工作多				输配分公司 安技			
14	林科宇	电工	输配分公司	场站运行部	电工职业资格证	多年电工工作经				输配分公司 安技			
15	程春	大工业区LNG站	输配分公司	场站运行部	输气工（技师）	在场站工作多年				输配分公司 安技			
16	李展鹏	安托山门站站长	输配分公司	场站运行部	输气工（中级）	在场站工作多年				输配分公司 安技			

第 1 页,共2页 每页 50 行 当前显示第 1 - 50 行, 共 65 行

Copyright © 深圳市燃气集团股份有限公司 (系统运维组短号: 660114)

图 8-72 专家及技术人员

5. 应急队伍

记录并查看应急队伍信息(见图 8-73)。

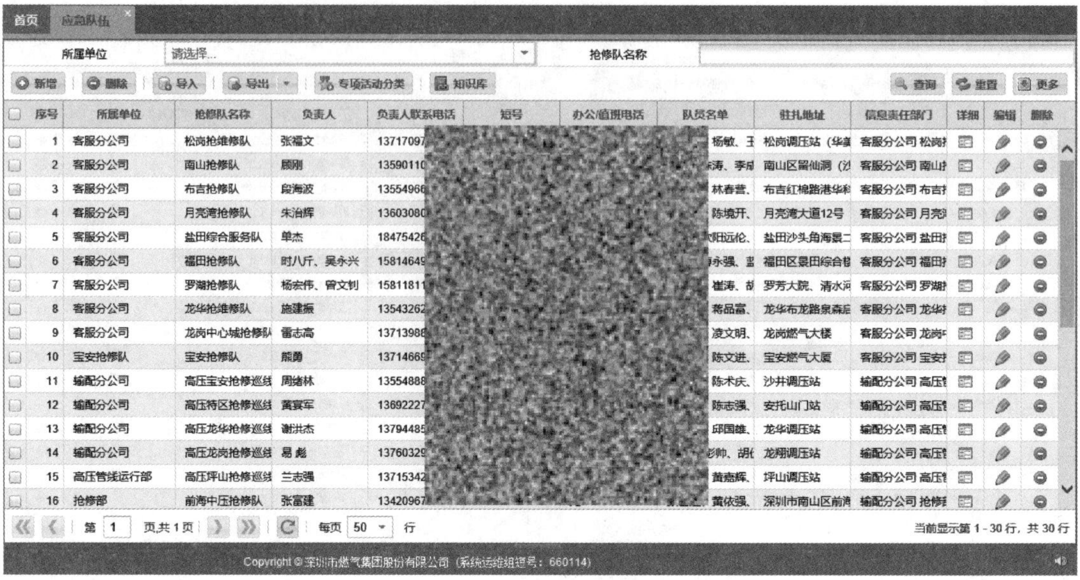

首页 应急队伍

所属单位 请选择... 抢修队名称

新增 删除 导入 导出 专项活动分类 知识库 查询 重置 更多

序号	所属单位	抢修队名称	负责人	负责人联系电话	短号	办公值班电话	队员名单	驻扎地址	信息责任部门	详细	编辑	删除
1	客服分公司	松岗抢维修队	张福文	13717097[redacted]	[redacted]	[redacted]	[redacted]杨敏、王	松岗调压站（华美	客服分公司 松岗抢			
2	客服分公司	南山抢修队	顾刚	13590110[redacted]	[redacted]	[redacted]	[redacted]涛、李成	南山区留仙洞（沙	客服分公司 南山抢			
3	客服分公司	布吉抢修队	段海波	13554966[redacted]	[redacted]	[redacted]	[redacted]林春营、	布吉红棉路港华科	客服分公司 布吉抢			
4	客服分公司	月亮湾抢修队	朱治辉	13603080[redacted]	[redacted]	[redacted]	[redacted]陈境开、	月亮湾大道12号	客服分公司 月亮湾			
5	客服分公司	盐田综合服务队	单杰	18475426[redacted]	[redacted]	[redacted]	[redacted]阳远伦、	盐田沙头角海景二	客服分公司 盐田抢			
6	客服分公司	福田抢修队	时八斤、吴永兴	15814649[redacted]	[redacted]	[redacted]	[redacted]永强、盖	福田区景田综合楼	客服分公司 福田抢			
7	客服分公司	罗湖抢修队	杨宏伟、曾文钊	15811811[redacted]	[redacted]	[redacted]	[redacted]崔涛、胡	罗芳大院、清水河	客服分公司 罗湖抢			
8	客服分公司	龙华抢维修队	施建振	13543262[redacted]	[redacted]	[redacted]	[redacted]蒋品富、	龙华布龙路泉森居	客服分公司 龙华抢			
9	客服分公司	龙岗中心城抢修队	雷志高	13713988[redacted]	[redacted]	[redacted]	[redacted]凌文明、	龙岗燃气大楼	客服分公司 龙岗中			
10	宝安抢修队	宝安抢修队	熊勇	13714669[redacted]	[redacted]	[redacted]	[redacted]陈文进、	宝安燃气大厦	客服分公司 宝安抢			
11	输配分公司	高压宝安抢修巡线	周绪林	13554888[redacted]	[redacted]	[redacted]	[redacted]陈术庆、	沙井调压站	输配分公司 高压管			
12	输配分公司	高压特区抢修巡线	黄宴军	13692227[redacted]	[redacted]	[redacted]	[redacted]陈志强、	安托山门站	输配分公司 高压管			
13	输配分公司	高压龙华抢修巡线	谢洪杰	13794485[redacted]	[redacted]	[redacted]	[redacted]邱国雄、	龙华调压站	输配分公司 高压管			
14	输配分公司	高压龙岗抢修巡线	易彪	13760329[redacted]	[redacted]	[redacted]	[redacted]彭帅、胡	龙翔调压站	输配分公司 高压管			
15	高压管线运行部	高压坪山抢修巡线	兰志强	13715342[redacted]	[redacted]	[redacted]	[redacted]黄嘉辉、	坪山调压站	输配分公司 高压管			
16	抢修部	前海中压抢修队	张富建	13420967[redacted]	[redacted]	[redacted]	[redacted]黄依强、	深圳市南山区前海	输配分公司 抢修部			

第 1 页,共 1 页 每页 50 行 当前显示第 1 - 30 行，共 30 行

Copyright © 深圳市燃气集团股份有限公司（系统运维组短号：660114）

图 8-73 应急队伍

6. 应急车、摩托车

记录并查看应急车、摩托车信息(见图 8-74)。

首页 应急车、摩托车

车辆种类 请选择... 车牌号

新增 删除 导入 导出 知识库 查询 重置 更多

序号	车辆种类	车辆类型	车牌号	责任人	应急车辆	应急工具配备	存放地点	主要用途	所属单位	所属部门
1	人货车	轻型厢式货车	粤B5L7H8	无	是	有	梅林	应急备用	客服分公司	综合管理部
2	面的	中型普通客车	粤B66666	张秋林	否	无	深燃大厦	行政用车	客服分公司	综合管理部
3	的士头	轻型普通货车	粤B4C93F	陈奎	否	无	梅林	应急备用	客服分公司	安技部
4	的士头	轻型普通货车	粤B2QW27	张文坚	否	无	梅林	应急备用	客服分公司	安技部
5	的士头	轻型普通货车	粤BC2D71	汪长奎	否	无	罗芳	应急备用	客服分公司	安技部
6	人货车	轻型厢式货车	粤BB16Z8		否	无	留仙洞	应急备用	客服分公司	供气协调部
7	人货车	轻型厢式货车	粤BH499M	戴凡	是	无	龙岗办公楼	应急备用	客服分公司	供气协调部
8	的士头	小型普通客车	粤B498E3	张树忠	否	无	宝安办公楼	应急备用	客服分公司	供气协调部
9	的士头	小型普通客车	粤BC1D42	韩其照	否	无	白沙岭	应急备用	客服分公司	供气协调部
10	面的	轿车	粤B65321	马华东	否	无	清水河	应急备用	客服分公司	供气协调部
11	人货车	小型货车	粤B802D6	韦炳旭	否	无	清水河	应急备用	客服分公司	大客户安装维修部
12	人货车	轻型厢式货车	粤B78152	罗洪兵	否	无	清水河	应急备用	客服分公司	大客户安装维修部
13	人货车	轻型厢式货车	粤B575L9	张四胜	否	无	松岗办公楼	日常作业	客服分公司	大客户安装维修部
14	人货车	轻型厢式货车	粤BB00Z2	王晓伟	否	无	清水河办公楼	日常作业	客服分公司	大客户安装维修部
15	人货车	轻型厢式货车	粤BB18Z6	李宏	否	无	留仙洞办公楼	日常作业	客服分公司	大客户安装维修部

第 1 页,共 10 页 每页 50 行 当前显示第 1 - 50 行，共 453 行

Copyright © 深圳市燃气集团股份有限公司（系统运维组短号：660114）

图 8-74 应急车、摩托车

7. 槽车罐车

记录并查看应急救援的槽车罐车信息(见图 8-75)。

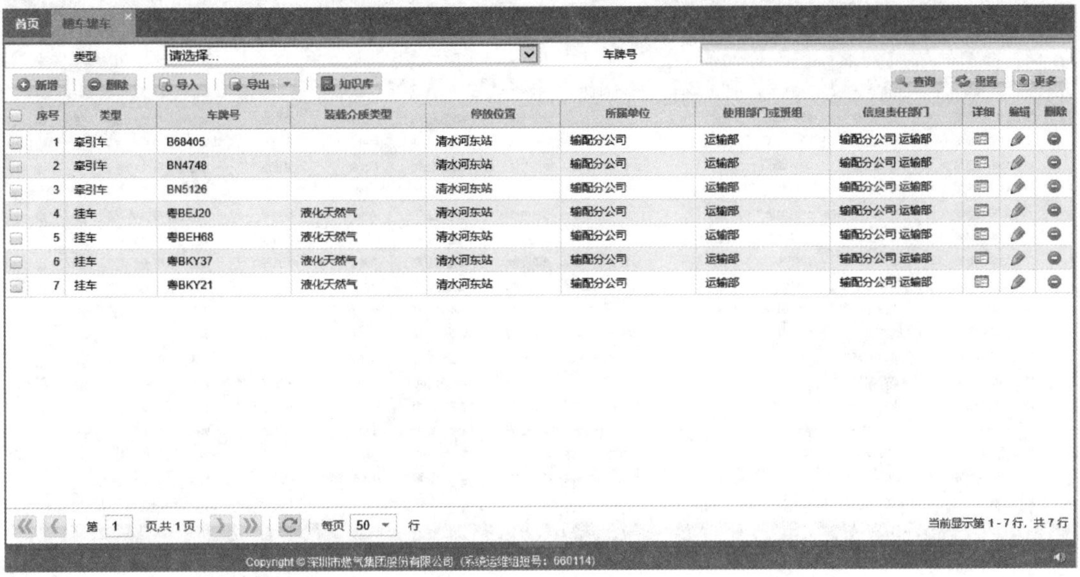

序号	类型	车牌号	装载介质类型	停放位置	所属单位	使用部门或班组	信息责任部门	详细	编辑	删除
1	牵引车	B68405		清水河东站	输配分公司	运输部	输配分公司 运输部			
2	牵引车	BN4748		清水河东站	输配分公司	运输部	输配分公司 运输部			
3	牵引车	BN5126		清水河东站	输配分公司	运输部	输配分公司 运输部			
4	挂车	粤BEJ20	液化天然气	清水河东站	输配分公司	运输部	输配分公司 运输部			
5	挂车	粤BEH68	液化天然气	清水河东站	输配分公司	运输部	输配分公司 运输部			
6	挂车	粤BKY37	液化天然气	清水河东站	输配分公司	运输部	输配分公司 运输部			
7	挂车	粤BKY21	液化天然气	清水河东站	输配分公司	运输部	输配分公司 运输部			

图 8-75 槽车罐车

8. 运瓶车

记录并查看应急救援的运瓶车信息(见图 8-76)。

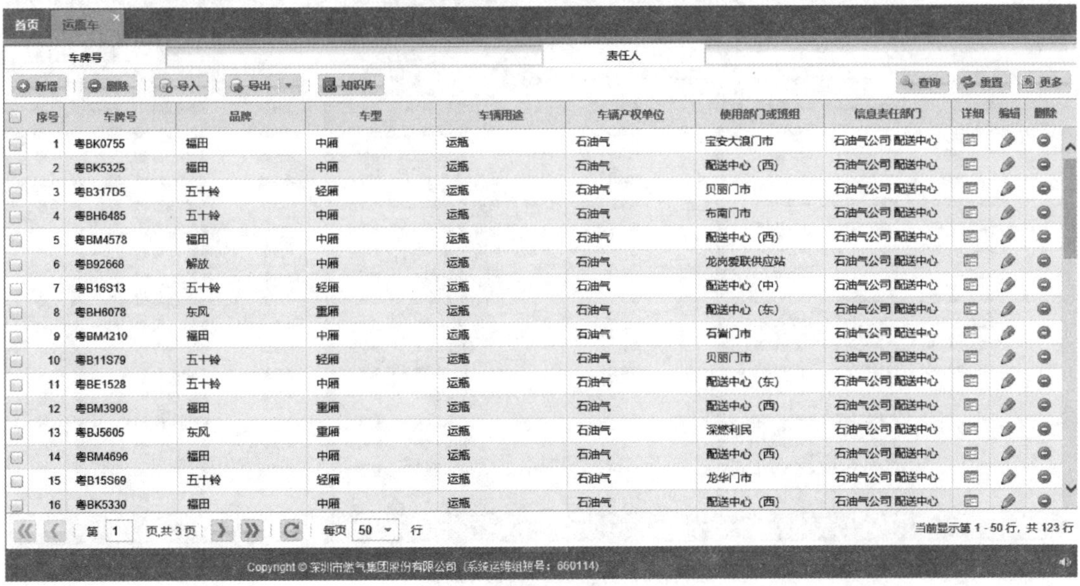

序号	车牌号	品牌	车型	车辆用途	车辆产权单位	使用部门或班组	信息责任部门	详细	编辑	删除
1	粤BK0755	福田	中厢	运瓶	石油气	宝安大浪门市	石油气公司 配送中心			
2	粤BK5325	福田	中厢	运瓶	石油气	配送中心（西）	石油气公司 配送中心			
3	粤B317D5	五十铃	轻厢	运瓶	石油气	贝丽门市	石油气公司 配送中心			
4	粤BH6485	五十铃	中厢	运瓶	石油气	布南门市	石油气公司 配送中心			
5	粤BM4578	福田	中厢	运瓶	石油气	配送中心（西）	石油气公司 配送中心			
6	粤B92668	解放	中厢	运瓶	石油气	龙岗爱联供应站	石油气公司 配送中心			
7	粤B16S13	五十铃	轻厢	运瓶	石油气	配送中心（中）	石油气公司 配送中心			
8	粤BH6078	东风	重厢	运瓶	石油气	配送中心（东）	石油气公司 配送中心			
9	粤BM4210	福田	中厢	运瓶	石油气	石岩门市	石油气公司 配送中心			
10	粤B11S79	五十铃	轻厢	运瓶	石油气	贝丽门市	石油气公司 配送中心			
11	粤BE1528	五十铃	中厢	运瓶	石油气	配送中心（东）	石油气公司 配送中心			
12	粤BM3908	福田	重厢	运瓶	石油气	配送中心（西）	石油气公司 配送中心			
13	粤BJ5605	东风	重厢	运瓶	石油气	深燃利民	石油气公司 配送中心			
14	粤BM4696	福田	中厢	运瓶	石油气	配送中心（西）	石油气公司 配送中心			
15	粤B15S69	五十铃	轻厢	运瓶	石油气	龙华门市	石油气公司 配送中心			
16	粤BK5330	福田	中厢	运瓶	石油气	配送中心（西）	石油气公司 配送中心			

图 8-76 运瓶车

9. 应急设备

记录并查看应急设备信息(见图 8-77)。

序号	设备名称	设备型号	设备编号	是否防爆	防爆等级	存放位置	所属单位	使用部门	责任人	信息责任部门	详细	编辑	删除
1	LNG调压箱	专门定制	090129B	是		罗芳气站	客服分公司	安技部	甘世杰	客服分公司 安			
2	LNG调压箱	专门定制	090126A	是		罗芳气站	客服分公司	安技部	甘世杰	客服分公司 安			
3	LNG调压箱	专门定制	090132B	是		罗芳气站	客服分公司	安技部	甘世杰	客服分公司 安			
4	LNG调压箱	专门定制	090127A	是		罗芳气站	客服分公司	安技部	甘世杰	客服分公司 安			
5	防爆手电筒	海洋王JW7623	170101053	是		布吉抢修队	客服分公司	抢修部	李先军	客服分公司 布			
6	防爆手电筒	海洋王JW7623	160620075	是		布吉抢修队	客服分公司	抢修部	林春营	客服分公司 布			
7	防爆手电筒	JW7623/HZ	160620228	是	本质安全防爆	福田抢修队	客服分公司	抢修部	时八斤	客服分公司 福			
8	防爆手电筒	JW7623/HZ	141000437	是	本质安全防爆	福田抢修队	客服分公司	抢修部	时八斤	客服分公司 福			
9	防爆手电筒	海洋王JW7623	170101142	是		布吉抢修队	客服分公司	抢修部	段海波	客服分公司 布			
10	防爆手电筒	JW7623/HZ	120601877	是	本质安全防爆	南山抢修队	客服分公司	抢修部	黃朝光	客服分公司 南			
11	防爆手电筒	JW7623/HZ	141000432	是	本质安全防爆	福田抢修队	客服分公司	抢修部	时八斤	客服分公司 福			
12	防爆手电筒	JW7623/HZ	160620118	是		月亮湾抢修队	客服分公司	抢修部	朱治辉	客服分公司 月			
13	防爆手电筒	JIW7210A	80502658	是	本质安全防爆	福田抢修队	客服分公司	抢修部	时八斤	客服分公司 福			
14	防爆手电筒	JIW7210A	80501223	是	本质安全防爆	福田抢修队	客服分公司	抢修部	时八斤	客服分公司 福			
15	防爆手电筒	JW7623/HZ	160620230	是	本质安全防爆	福田抢修队	客服分公司	抢修部	时八斤	客服分公司 福			
16	防爆手电筒	JW7623/HZ	160620214	是	本质安全防爆	福田抢修队	客服分公司	抢修部	时八斤	客服分公司 福			

图 8-77 应急设备

10. 应急通信设施

记录并查看应急通信设施信息(见图 8-78)。

序号	设备名称	设备型号	设备编号	是否防爆	责任人	防爆等级	存放位置	所属单位	使用部门	信息责任部门	详细	编辑	删除
1	防爆对讲机	Hytera	6062718	是	彭雁		深燃大厦4楼	客服分公司	安技部	客服分公司 安			
2	防爆对讲机	Hytera	6062717	是	彭雁		深燃大厦4楼	客服分公司	安技部	客服分公司 安			
3	全频道对讲机	PT790Ex F1	6062701	是	时八斤	Ex III	福田抢修队白	客服分公司	抢修部	客服分公司 福			
4	全频道对讲机	PT790Ex F1	6062702	是	时八斤	Ex III	福田抢修队白	客服分公司	抢修部	客服分公司 福			
5	全频道应急对讲机	海能达PT790E	16O24DO697	是	曾文钊 杨宏伟	Ex ibD 21 T4 I	罗湖抢修队清	客服分公司	抢修部	客服分公司 罗			
6	全频道应急对讲机	海能达PT790E	16O24DO827	是	曾文钊 杨宏伟	Ex ibD 21 T4 I	罗湖抢修队清	客服分公司	抢修部	客服分公司 罗			
7	全频道应急对讲机	海能达PT790E	16O24DO724	是	曾文钊 杨宏伟	Ex ibD 21 T4 I	罗湖抢修队	客服分公司	抢修部	客服分公司 罗			
8	全频道应急对讲机	PT790Ex-F1	16O24D0792	是	时八斤		福田抢修队	客服分公司	抢修部	客服分公司 福			
9	全频道应急对讲机	PT790Ex-F1	16024D0721	是	单杰		盐田沙头角	客服分公司	抢修部	客服分公司 盐			
10	全频道应急对讲机	PT790Ex-F1	16O24D0818	是	时八斤		福田抢修队	客服分公司	抢修部	客服分公司 福			
11	全频道应急对讲机	PT790Ex-F1	16O24D0725	是	单杰		盐田沙头角	客服分公司	抢修部	客服分公司 盐			
12	全频道应急对讲机	PT790Ex-F1	16024D0803	是	孟敏蕾		白沙岭抢修中	客服分公司	抢修部	客服分公司 福			
13	全频道应急对讲机	海能达PT790E	16O24DO734	是	曾文钊 杨宏伟	Ex ibD 21 T4 I	罗湖抢修队	客服分公司	抢修部	客服分公司 罗			
14	对讲机	海能达PT790E	16024D0726	是	朱治辉		月亮湾抢修队	客服分公司	抢修部	客服分公司 月			
15	对讲机	海能达PT790E	16024D0711	是	朱治辉		月亮湾抢修队	客服分公司	抢修部	客服分公司 月			
16	对讲机	PT790Ex–F1	1602D0747	是	施建振	一级	龙华抢维修队	客服分公司	抢修部	客服分公司 龙			

图 8-78 应急通信设施

8.4.5.4 应急演练

1. 应急演练计划

记录并查看应急演练计划落实情况信息(见图 8-79)。

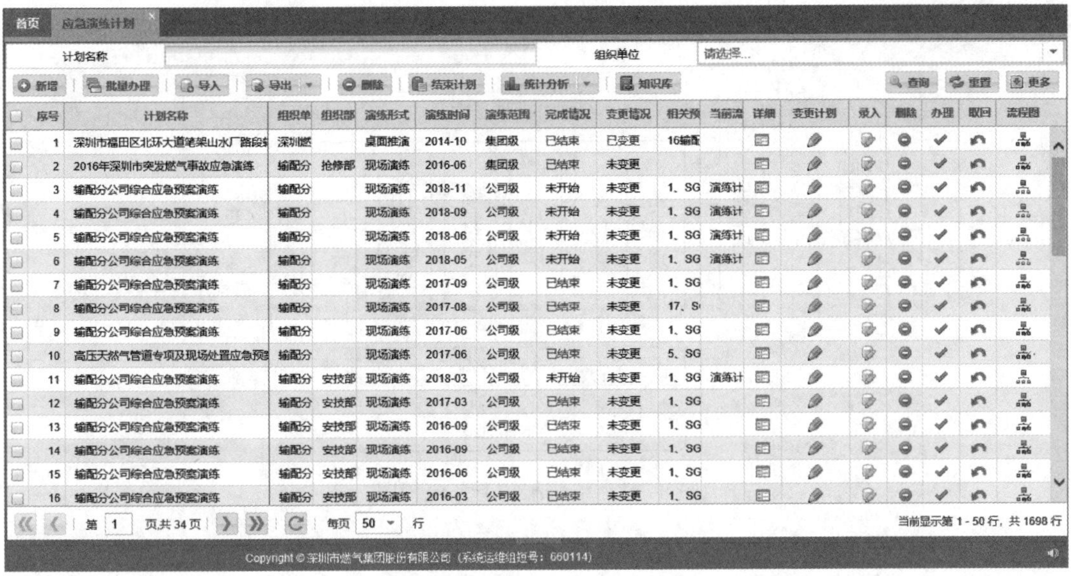

图 8-79　应急演练计划

2. 应急演练记录与总结整改

记录并查看应急演练记录与总结整改信息，持续提升应急能力(见图 8-80)。

图 8-80　应急演练记录与总结整改

8.4.6　维修维护

维修维护管理模块主要涵盖各业务类别中以工单为主线的工作安排、数据采集、问题修复等闭环式管理；线路截断阀维护保养、阀室静密封点状况检查信息管理(见图 8-81)。

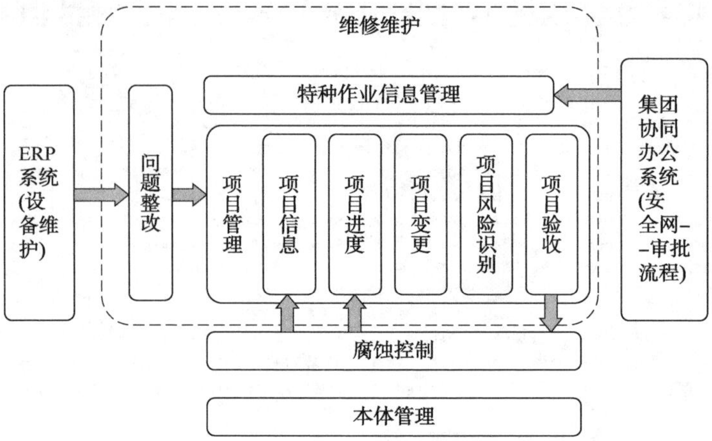

图 8-81　维修维护业务流程图

8.4.6.1　维修维护工作管理

记录并查看维修维护工作计划安排信息(见图 8-82)。

图 8-82　维修维护工作管理

8.4.6.2　派工单管理

1. 本体缺陷派工单

记录并查看本体缺陷的开挖、验证、修复信息(见图 8-83)。

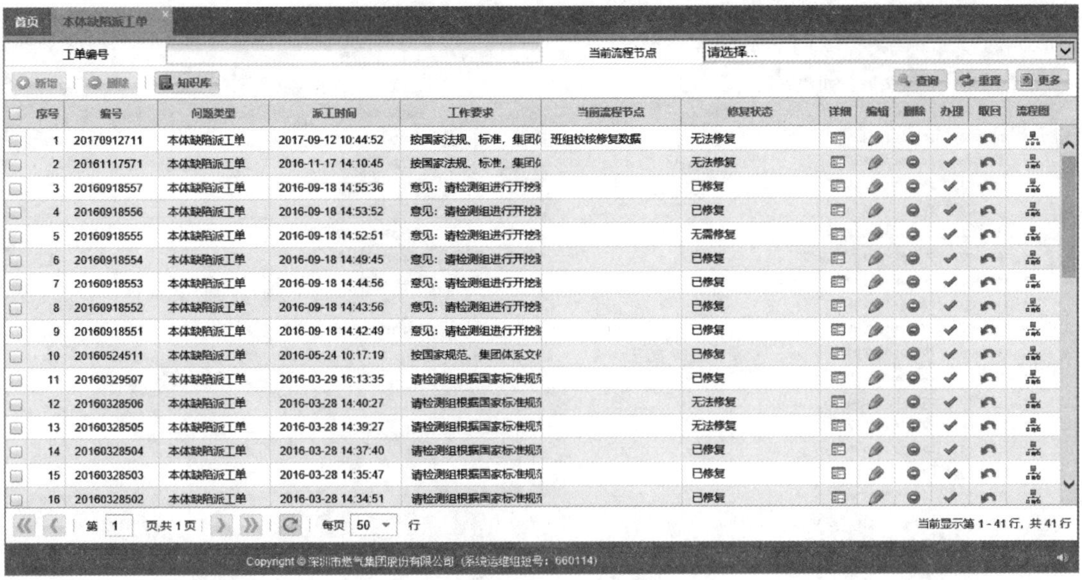

首页 本体缺陷派工单

工单编号 当前流程节点 请选择...

新增 删除 知识库 查询 重置 更多

序号	编号	问题类型	派工时间	工作要求	当前流程节点	修复状态	详细	编辑	删除	办理	取回	流程图
1	20170912711	本体缺陷派工单	2017-09-12 10:44:52	按国家法规、标准，集团位	班组校核修复数据	无法修复						
2	20161117571	本体缺陷派工单	2016-11-17 14:10:45	按国家法规、标准，集团位		无法修复						
3	20160918557	本体缺陷派工单	2016-09-18 14:55:36	意见：请检测组进行开挖		已修复						
4	20160918556	本体缺陷派工单	2016-09-18 14:53:52	意见：请检测组进行开挖		已修复						
5	20160918555	本体缺陷派工单	2016-09-18 14:52:51	意见：请检测组进行开挖		无需修复						
6	20160918554	本体缺陷派工单	2016-09-18 14:49:45	意见：请检测组进行开挖		已修复						
7	20160918553	本体缺陷派工单	2016-09-18 14:44:56	意见：请检测组进行开挖		已修复						
8	20160918552	本体缺陷派工单	2016-09-18 14:43:56	意见：请检测组进行开挖		已修复						
9	20160918551	本体缺陷派工单	2016-09-18 14:42:49	意见：请检测组进行开挖		已修复						
10	20160524511	本体缺陷派工单	2016-05-24 10:17:19	按国家规范、集团体系文件		已修复						
11	20160329507	本体缺陷派工单	2016-03-29 16:13:35	请检测组根据国家标准规范		已修复						
12	20160328506	本体缺陷派工单	2016-03-28 14:40:27	请检测组根据国家标准规范		无法修复						
13	20160328505	本体缺陷派工单	2016-03-28 14:39:27	请检测组根据国家标准规范		无法修复						
14	20160328504	本体缺陷派工单	2016-03-28 14:37:40	请检测组根据国家标准规范		已修复						
15	20160328503	本体缺陷派工单	2016-03-28 14:35:47	请检测组根据国家标准规范		已修复						
16	20160328502	本体缺陷派工单	2016-03-28 14:34:51	请检测组根据国家标准规范		已修复						

第 1 页,共 1 页 每页 50 行 当前显示第 1 - 41 行，共 41 行

Copyright © 深圳市燃气集团股份有限公司（系统运维组短号：660114）

图 8-83 本体缺陷派工单

2. 腐蚀防护派工单

记录并查看防腐层的修复信息(见图 8-84)。

首页 腐蚀防护派工单

工单编号 当前流程节点 请选择...

新增 删除 知识库 查询 重置 更多

序号	派工单位	编号	问题类型	创建时间 ↓	当前流程节点	详细	编辑	删除	办理	取回	流程图
1	高压管线运行部	20170612704	外防腐层派工单	2017-06-12 15:42:49							
2	高压管线运行部	20170612703	外防腐层派工单	2017-06-12 15:42:01							
3	高压管线运行部	20170612702	外防腐层派工单	2017-06-12 15:41:09							
4	高压管线运行部	20170612701	外防腐层派工单	2017-06-12 15:40:24							
5	高压管线运行部	20170612700	外防腐层派工单	2017-06-12 15:39:32							
6	高压管线运行部	20170612699	外防腐层派工单	2017-06-12 15:38:23							
7	高压管线运行部	20170612698	外防腐层派工单	2017-06-12 15:36:27							
8	高压管线运行部	20170612697	外防腐层派工单	2017-06-12 15:35:40							
9	高压管线运行部	20170612696	外防腐层派工单	2017-06-12 15:34:50							
10	高压管线运行部	20170612695	外防腐层派工单	2017-06-12 15:31:43							
11	高压管线运行部	20170612694	外防腐层派工单	2017-06-12 15:30:43							
12	高压管线运行部	20170612693	外防腐层派工单	2017-06-12 15:23:23							
13	高压管线运行部	20170612692	外防腐层派工单	2017-06-12 15:20:11							
14	高压管线运行部	20170511672	外防腐层派工单	2017-05-11 14:38:23							
15	高压管线运行部	20170511671	外防腐层派工单	2017-05-11 14:36:12	班组业务办理人复核数据						
16	高压管线运行部	20170110611	外防腐层派工单	2017-01-10 09:30:18							

第 1 页,共 1 页 每页 50 行 当前显示第 1 - 26 行，共 26 行

Copyright © 深圳市燃气集团股份有限公司（系统运维组短号：660114）

图 8-84 腐蚀防护派工单

3. 管道保护派工单

记录并查看管道设施事件的办理信息(见图 8-85)。

序号	工单号	派工时间	维修单位	工作要求	当前流程节点	详细	编辑	删除	短信	办理	取回	流程图
1	180123761	2018-01-23 17:31:32			事件办理班组接单							
2	180122743	2018-01-22 16:05:00			事件办理班组接单							
3	180118742	2018-01-18 08:49:07			事件办理班组接单							
4	180115741	2018-01-15 08:46:15			事件办理班组接单							
5	180110725	2018-01-10 16:36:33			事件办理班组接单							
6	180110724	2018-01-10 11:13:24			事件办理班组接单							
7	180110723	2018-01-10 11:12:46			事件办理班组接单							
8	180110722	2018-01-10 11:12:25			事件办理班组接单							
9	180110721	2018-01-10 11:12:00			事件办理班组接单							
10	180104702	2018-01-04 17:27:57										
11	180103701	2018-01-03 17:29:25										
12	171215681	2017-12-15 10:43:06										
13	171215661	2017-12-15 10:42:10										
14	171207641	2017-12-07 09:16:39										
15	171106603	2017-11-06 10:14:33										
16	171101581	2017-11-01 16:56:07										

图 8-85　管道保护派工单

4. 普通派工单

记录并查看普通派工单信息(见图 8-86)。

序号	编号	问题类型	创建时间 ↓	当前流程节点	详细	编辑	删除	办理	取回	流程图
1	20140624366	普通派工单	2014-06-24 11:41:14							
2	20140624365	普通派工单	2014-06-24 11:38:06	派工单数据员录入数据						
3	20140624364	普通派工单	2014-06-24 11:37:19	派工单数据员录入数据						
4	20140624363	普通派工单	2014-06-24 11:36:38	派工单数据员录入数据						
5	20140624362	普通派工单	2014-06-24 11:31:31							

图 8-86　普通派工单

5. 阴保检测派工单

记录并查看阴保检测作业派工单信息(见图 8-87)。

序号	编号	问题类型	工作要求	创建时间 ↓	当前流程节点	详细	编辑	删除	办理	取回	流程图
1	20170420637	阴保检测派工单	请检测组整改被埋阴保检测桩	2017-04-20 11:40:09							
2	20170420636	阴保检测派工单	请检测组整改被埋阴保检测桩	2017-04-20 11:39:27							
3	20170420635	阴保检测派工单	请检测组整改被埋阴保检测桩	2017-04-20 11:38:06							
4	20170420634	阴保检测派工单	请检测组整改被埋阴保检测桩	2017-04-20 11:36:57							
5	20170420633	阴保检测派工单	请检测组整改被埋阴保检测桩	2017-04-20 11:35:30							
6	20170420632	阴保检测派工单	请检测组整改被埋阴保检测桩	2017-04-20 09:25:01							
7	20170420653	阴保检测派工单	请检测组整改被埋阴保检测桩	2017-04-20 09:24:06							
8	20170420652	阴保检测派工单	请检测组整改被埋阴保检测桩	2017-04-20 09:23:07							
9	20170420651	阴保检测派工单	请检测组整改被埋阴保检测桩	2017-04-20 09:22:20							
10	20170420631	阴保检测派工单	请检测组整改被埋阴保检测桩	2017-04-20 09:18:04							
11	20150119426	阴保检测派工单	请检测组复核测试不合格数据	2015-01-19 09:22:16							
12	20150119425	阴保检测派工单	请检测组进行数据复核，复核	2015-01-19 09:20:40							
13	20150119424	阴保检测派工单	请检测组对不合格数据进行复	2015-01-19 09:04:04							
14	20150119423	阴保检测派工单	请检测组进行复核，复核测试	2015-01-19 08:57:36							
15	20150119422	阴保检测派工单	请检测组对不合格数据进行复	2015-01-19 08:55:37							
16	20150119421	阴保检测派工单	请检测组对工作单中4个不合	2015-01-19 08:48:07							

图 8-87　阴保检测派工单

6. 绝缘装置检测派工单

记录并查看绝缘装置检测作业派工单信息(见图 8-88)。

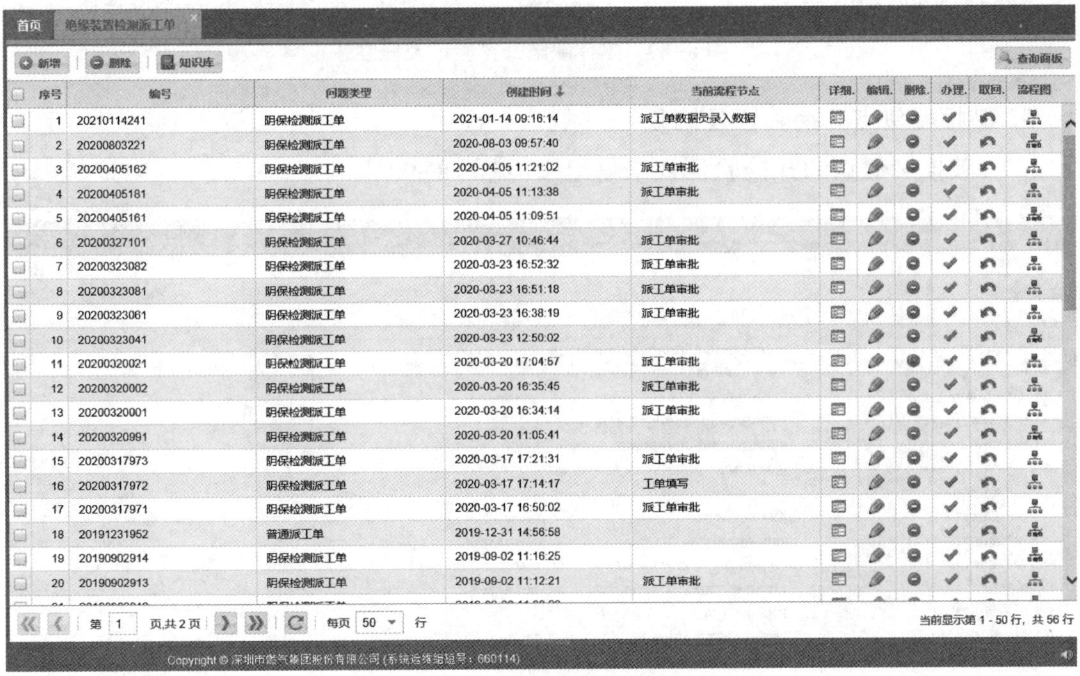

序号	编号	问题类型	创建时间 ↓	当前流程节点	详细.	编辑.	删除.	办理.	取回.	流程图
1	20210114241	阴保检测派工单	2021-01-14 09:16:14	派工单数据员录入数据						
2	20200803221	阴保检测派工单	2020-08-03 09:57:40							
3	20200405162	阴保检测派工单	2020-04-05 11:21:02	派工单审批						
4	20200405181	阴保检测派工单	2020-04-05 11:13:38	派工单审批						
5	20200405161	阴保检测派工单	2020-04-05 11:09:51							
6	20200327101	阴保检测派工单	2020-03-27 10:46:44	派工单审批						
7	20200323082	阴保检测派工单	2020-03-23 16:52:32	派工单审批						
8	20200323081	阴保检测派工单	2020-03-23 16:51:18	派工单审批						
9	20200323061	阴保检测派工单	2020-03-23 16:38:19	派工单审批						
10	20200323041	阴保检测派工单	2020-03-23 12:50:02							
11	20200320021	阴保检测派工单	2020-03-20 17:04:57	派工单审批						
12	20200320002	阴保检测派工单	2020-03-20 16:35:45	派工单审批						
13	20200320001	阴保检测派工单	2020-03-20 16:34:14	派工单审批						
14	20200320991	阴保检测派工单	2020-03-20 11:05:41							
15	20200317973	阴保检测派工单	2020-03-17 17:21:31	派工单审批						
16	20200317972	阴保检测派工单	2020-03-17 17:14:17	工单填写						
17	20200317971	阴保检测派工单	2020-03-17 16:50:02	派工单审批						
18	20191231952	普通派工单	2019-12-31 14:56:58							
19	20190902914	阴保检测派工单	2019-09-02 11:16:25							
20	20190902913	阴保检测派工单	2019-09-02 11:12:21	派工单审批						

图 8-88　绝缘装置检测派工单

8.4.6.3　维修记录

1. 本体缺陷开挖验证及修复

查看本体缺陷管道的开挖验证及修复记录(见图 8-89)。

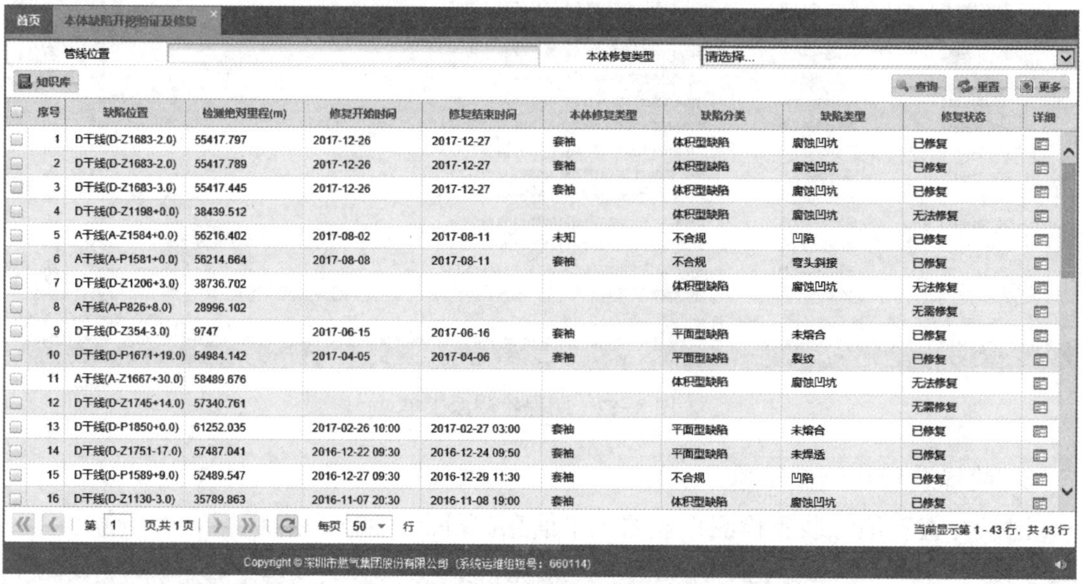

序号	缺陷位置	检测绝对里程(m)	修复开始时间	修复结束时间	本体修复类型	缺陷分类	缺陷类型	修复状态	详细
1	D干线(D-Z1683-2.0)	55417.797	2017-12-26	2017-12-27	套袖	体积型缺陷	腐蚀凹坑	已修复	
2	D干线(D-Z1683-2.0)	55417.789	2017-12-26	2017-12-27	套袖	体积型缺陷	腐蚀凹坑	已修复	
3	D干线(D-Z1683-3.0)	55417.445	2017-12-26	2017-12-27	套袖	体积型缺陷	腐蚀凹坑	已修复	
4	D干线(D-Z1198+0.0)	38439.512				体积型缺陷	腐蚀凹坑	无法修复	
5	A干线(A-Z1584+0.0)	56216.402	2017-08-02	2017-08-11	未知	不合规	凹陷	已修复	
6	A干线(A-P1581+0.0)	56214.664	2017-08-08	2017-08-11	套袖	不合规	弯头斜接	已修复	
7	D干线(D-Z1206+3.0)	38736.702				体积型缺陷	腐蚀凹坑	无法修复	
8	A干线(A-P826+8.0)	28996.102						无需修复	
9	D干线(D-Z354-3.0)	9747	2017-06-15	2017-06-16	套袖	平面型缺陷	未熔合	已修复	
10	D干线(D-P1671+19.0)	54984.142	2017-04-05	2017-04-06	套袖	平面型缺陷	裂纹	已修复	
11	A干线(A-Z1667+30.0)	58489.676				体积型缺陷	腐蚀凹坑	无法修复	
12	D干线(D-Z1745+14.0)	57340.761						无需修复	
13	D干线(D-P1850+0.0)	61252.035	2017-02-26 10:00	2017-02-27 03:00	套袖	平面型缺陷	未熔合	已修复	
14	D干线(D-Z1751-17.0)	57487.041	2016-12-22 09:30	2016-12-24 09:50	套袖	平面型缺陷	未焊透	已修复	
15	D干线(D-P1589+9.0)	52489.547	2016-12-27 09:30	2016-12-29 11:30	套袖	不合规	凹陷	已修复	
16	D干线(D-Z1130-3.0)	35789.863	2016-11-07 20:30	2016-11-08 19:00	套袖	体积型缺陷	腐蚀凹坑	已修复	

图 8-89　本体缺陷开挖验证及修复

2. 破损疑似点开挖验证及修复

查看破损疑似点的开挖验证及修复记录(见图 8-90)。

序号	管线位置	位置描述	修复时间	修复状态	详细
1	D干线(D-P1796 + 24)	宝安大道3241号前马路中央绿化带旁近路坎处離		无法修复	
2	HA1支线(HA1-Z84-7)	平大路Z084-7m绿化带处G1220		无法修复	
3	HA1支线(HA1-Z48+12)	平大路HA1-Z48+12	2017-08-10	已修复	
4	HA干线(HA-Z1118+26)	广深高速公路桥底侨香路北侧路面，距桥墩4m		无法修复	
5	HA干线(HA-Z1118+20)	广深高速公路桥底侨香路南侧路面，距桥墩1m		无法修复	
6	HA干线(HA-Z1118+1.1)	侨香路南侧转弯三角桩北侧1.1m（Z1118三角桩		无法修复	
7	HA干线(HA-Z605+8)	Z605+8m水池东2mG719	2017-07-26	已修复	
8	HA干线(HA-Z256-5)	Z256-5m处G1164	2017-07-12	已修复	
9	HA干线(HA-Z229+6)	Z229+6m处G1138	2017-07-12	已修复	
10	HA干线(HA-Z205+10)	Z205+10m手控井T028+2.5m G1118	2017-07-12	已修复	
11	HA干线(HA-Z198+4)	Z198桩+4m（高压线架）G1110	2017-07-04	已修复	
12	HA干线(HA-Z312-1)	Z312-1m G1000	2017-07-03	已修复	
13	HA干线(HA-Z603+4)	Z603+4m（偏管中心0.5m）G722	2017-06-14	已修复	
14	HA干线(HA-Z591+10)	Z591+10m（偏管1.2m）G735	2017-06-14	已修复	
15	D干线(D-P066 + 0)	高尔夫大道7843030路灯东北侧人行道上P066号	2017-02-16	已修复	
16	D干线(D-Z1393 - 23)	宝安大道3241号前马路中央绿化带旁近路坎处離		无需修复	

图 8-90　破损疑似点开挖验证及修复

3. 普通维修

查看普通维修记录(见图 8-91)。

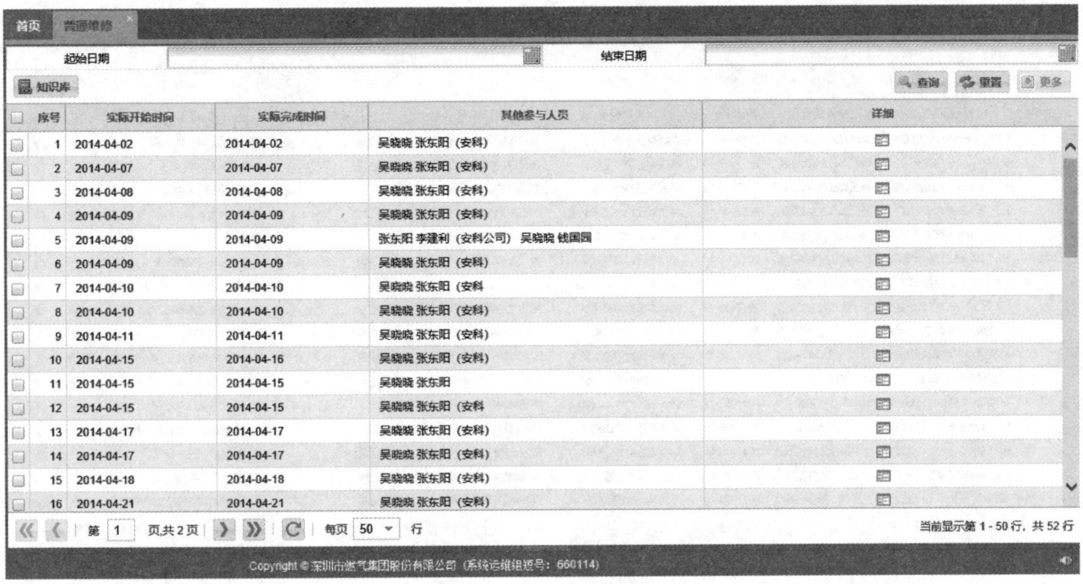

图 8-91 普通维修

8.4.6.4 维护记录

1. 阀室维护与保养

查看阀室的开关测试、静密封点检查、防雷防静电工作的完成情况(见图 8-92)。

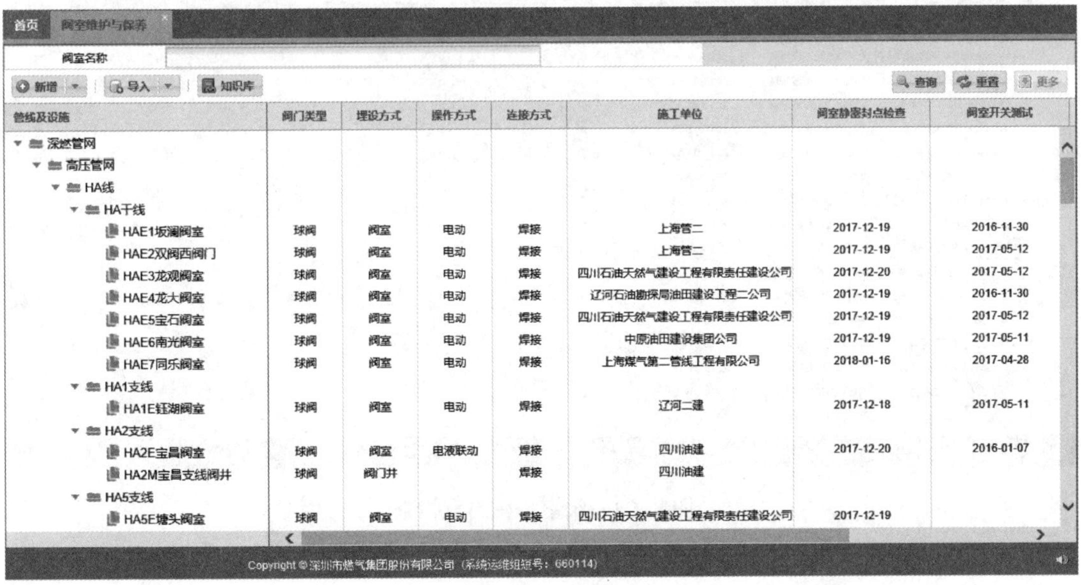

图 8-92 阀室维护与保养

2. 阀室开关测试

记录并查看阀室的开关测试信息(见图 8-93)。

图 8-93　阀室开关测试

3. 阀室静密封点检查

记录并查看阀室的静密封点检查信息(见图 8-94)。

图 8-94　阀室静密封点检查

4. 防雷防静电管理

记录并查看阀室的防雷防静电检查信息(见图 8-95)。

序号	阀室名称	辖区班组	最近检测日期	预计检测日期	防雷 (≤10Ω) 防静电 (≤	电器保护接地 (≤4Ω)	详细	编辑	删除	录入	统计图
1	HB干线(HBE1双阀东阀	龙华高压抢修巡线队	2017-12-04	2018-03-04	0.58	0.58					
2	A干线(AE4宝龙一路阀室	龙岗高压抢修巡线队	2017-12-29	2018-03-29	3.37	3.37					
3	A干线(AE3锦龙四路阀室	龙岗高压抢修巡线队	2017-12-29	2018-03-29	3.35	3.35					
4	A干线(AE8李朗阀室)	龙岗高压抢修巡线队	2017-12-29	2018-03-29	0.93	0.93					
5	A干线(AE1兰竹路阀室)	龙岗高压抢修巡线队	2017-12-29	2018-03-29	1.33	1.33					
6	A干线(AE7盐排阀室)	龙岗高压抢修巡线队	2017-12-29	2018-03-29	0.95	0.95					
7	A干线(AE5宝荷路阀室)	龙岗高压抢修巡线队	2017-12-29	2018-03-29	1.45	1.45					
8	HB干线(HBE3平湖阀室)	龙岗高压抢修巡线队	2017-12-29	2018-03-29	2.35	2.35					
9	A干线(AE6龙翔收费站阀	龙岗高压抢修巡线队	2017-12-29	2018-03-29	0.37	0.37					
10	HB干线(HBE2布澜路阀室	龙岗高压抢修巡线队	2017-12-29	2018-03-29	1.4	1.4					
11	A干线(AE2丹梓西路阀室	龙岗高压抢修巡线队	2017-12-29	2018-03-29	1.2	1.2					
12	HA干线(HAE4龙大阀室)	龙华高压抢修巡线队	2017-11-13	2018-02-13	0.75	0.75					
13	HA干线(HAE5宝石阀室)	龙华高压抢修巡线队	2017-11-13	2018-02-13	2.58	2.58					
14	F干线(FE3观澜收费站阀	龙华高压抢修巡线队	2017-12-04	2018-03-04	1.8	1.8					
15	A干线(AE10大发埔阀室)	龙华高压抢修巡线队	2017-12-19	2018-03-19	2	2					
16	A干线(AE11龙华二线阀	龙华高压抢修巡线队	2017-12-11	2018-03-11	0.64	0.64					

图 8-95 防雷防静电管理

8.4.6.5 阀门维保系统

以智能手机 APP 系统为依托，以 GIS 系统为基础，通过移动终端的应用建立阀门维保系统，提高阀门维保的工作效率，确保阀门维保工作的规范与可靠，提高管理效率，降低管理成本(见图 8-96 和图 8-97)。

行号		编号	类型	片区
1	☑	58419	阀门	四队
2	☑	59764	阀门	四队
3	☑	61229	阀门	四队
4	☑	67190	阀门	四队
5	☑	67193	阀门	四队
6	☑	67201	阀门	四队
7	☑	115896	放散阀	四队
8	☑	214707	放散阀	四队
9	☑	214708	放散阀	四队
10	☑	289098	放散阀	四队
11	☑	289099	放散阀	四队
12	☑	300019	放散阀	四队

图 8-96 阀门维保 WEB

图 8-97　阀门维保 APP

8.4.7　建设遗留问题

深圳燃气输配分公司针对已移交的管道进行问题梳理，对问题遗留项进行备案，并进行风险评估，有序地进行风险控制。

例如对于水平净距不足的问题，记录并查看水平净距不足的台账信息，并根据现场实际，逐单复核，综合治理(见图 8-98)。

图 8-98　水平净距不足系统界面图

8.4.8 知识库

知识库集成了完整性管理支持技术，为完整性管理过程提供技术支撑，促进深圳燃气集团公司完整性管理技术集优发展。知识库基于完整性技术集成成果，实现了综合、全面的技术管理与共享。

管道完整性知识库可以实现对完整性技术资料及知识体系的集成化管理，包括本体缺陷管理、腐蚀防护、管道保护、灾害防治、维修维护、应急管理、单元识别等各个业务的技术文档、法规、体系、标准以及教材等的统一管理和授权共享，实现对文本、图表、照片、音视频等多种媒体信息的分类管理、检索、发布(见图 8-99)。

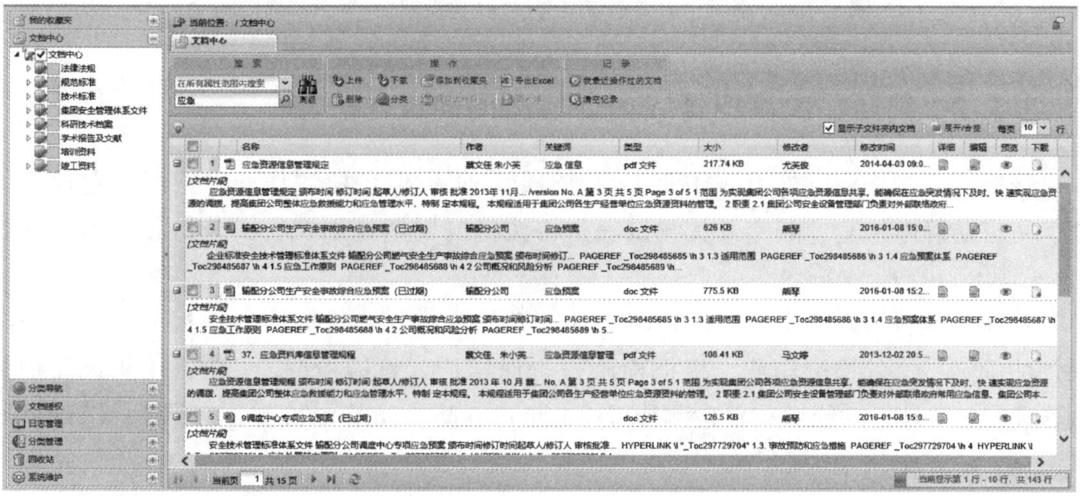

图 8-99　知识库系统界面图

8.5 风险管道业务子系统

8.5.1 高压、次高压管线合规性(建设期)一览

行政许可合规性：从深圳燃气在役管道的立项批复、可行性研究报告批复、水土保持方案批复、环境影响报告批复、燃气经营许可证等方面分析管道建设是否合规。

法律法规符合性评价：从安全生产法、消防法、中华人民共和国劳动法、城镇燃气管理条例、广东省燃气管理条例、建筑工程消防监督审核管理规定等相关法律法规分析其符合性。

档案接收：依据深圳市档案局相关规定，检查各个施工工程的竣工资料移交手续、文档缺失情况。

高压、次高压管线合规性(建设期)一览系统界面如图 8-100 所示。

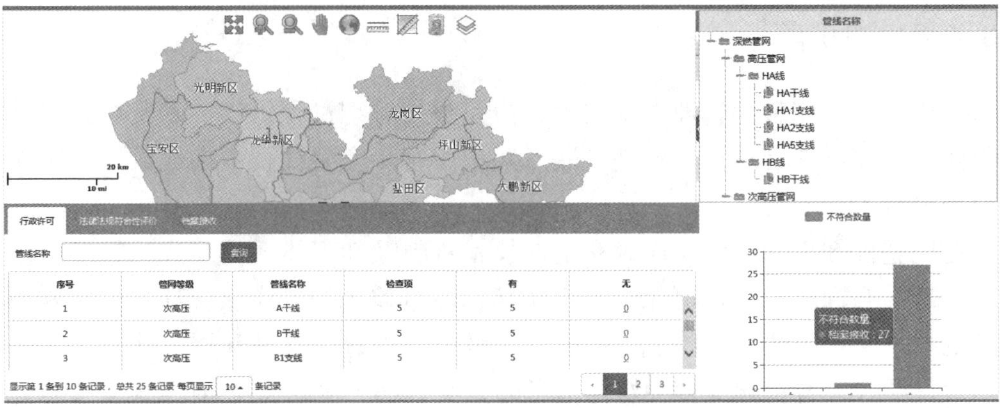

图 8-100　高压、次高压管线合规性(建设期)一览系统界面图

8.5.2　高压、次高压管线内外检测周期工作一览

分析内检测作业、外检测作业、管道检漏、阴极保护检测作业、绝缘装置检测作业、防雷防静电检查、阀室开关测试等是否按检测周期计划执行，分析其当前所处状态(见图 8-101)。

各业务执行周期如下：①内检测作业，默认为 8 年，具体周期根据上一次检查结果评估确定；②外检测作业，根据检测报告而定；③管道检漏，1 年；④阴极保护检测作业，6 个月；⑤绝缘装置检测作业，1 年；⑥防雷防静电检查，3 个月；⑦阀室开关测试，6 个月。

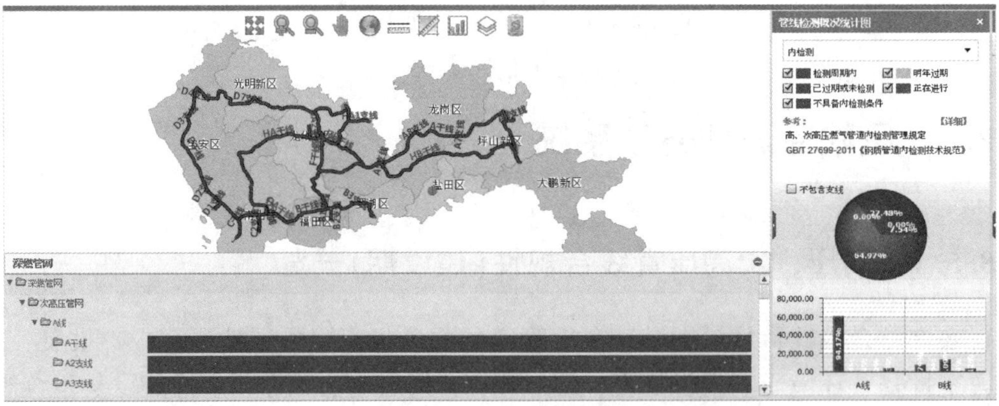

图 8-101　高压、次高压管线内外检测周期工作一览系统界面图

8.5.3　高压、次高压管线设施检测周期工作一览

查看日常检测工作是否按体系文件中规定的检测周期进行检测，已检测用绿色标识，未检测用红色标识，检测中用黄色标识，选择相应的年份可查看相关的数据。用

指定颜色标识超期、部分完成、正常执行等图层在地图中进行叠加，以统计图和数据列表进行展现。

高压、次高压管线设施检测周期工作一览在地图中进行叠加，如选择基础地理信息、周边环境等进行叠加，地图中会以选择的图层颜色、符号图例进行展示(见图 8-102)。

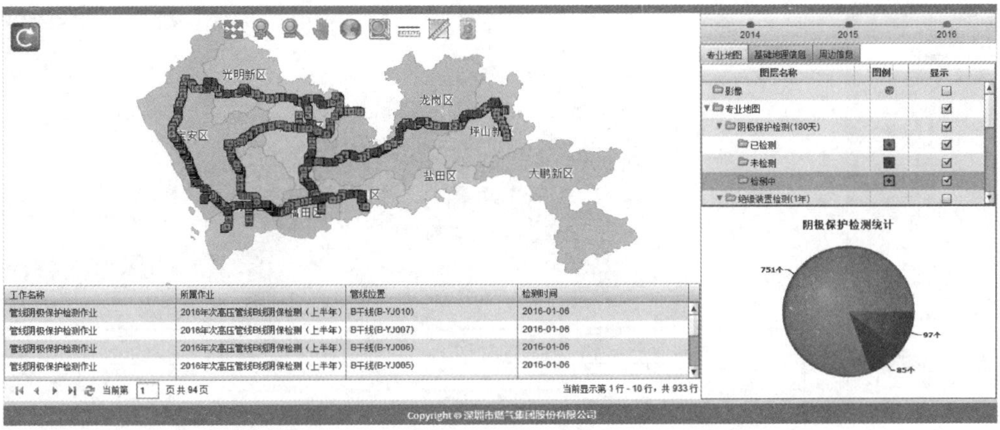

图 8-102　高压、次高压管线设施检测周期工作一览系统界面图

8.5.4　高压、次高压管线本体缺陷专项数据分析

基于本体管理的专项数据分析，将 GIS 数据、内检测数据、周边环境数据在地图上进行叠加展示，同时结合本管道本体的评价标准，最终向工程师提供相应的数据分析结论，以及就此分析结果提供相应的应对措施，辅助工程师决策。系统提供选线查询、勾选图层、表格数据与地图数据互动功能，同时根据相应的体系文件，自动生成数据分析结论及应对措施(见图 8-103)。

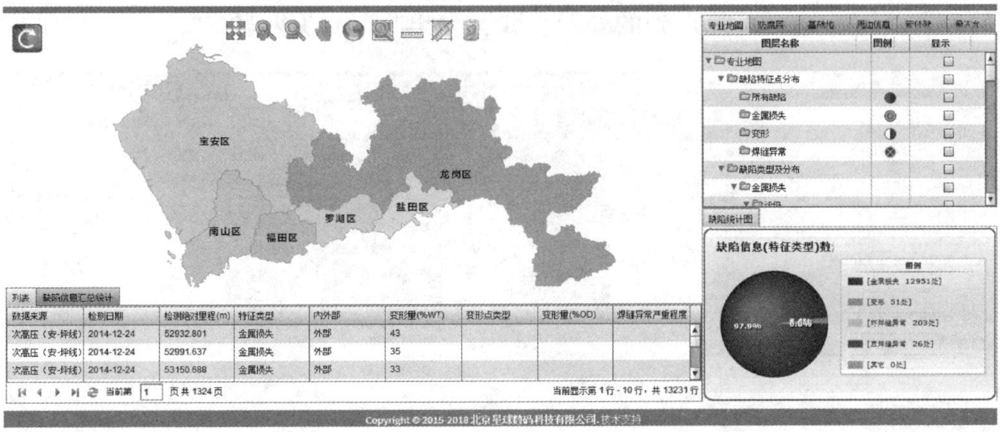

图 8-103　高压、次高压管线本体缺陷专项数据分析系统界面图

8.5.5 高压、次高压管道多年数据对比

对高压、次高压管道多年数据进行对比，利用管网图层、地图的功能对防腐层破损点历年数据、阴保防腐、管件、业务关注点汇总、管道附属物等数据通过对齐图进行对比(见图 8-104)。

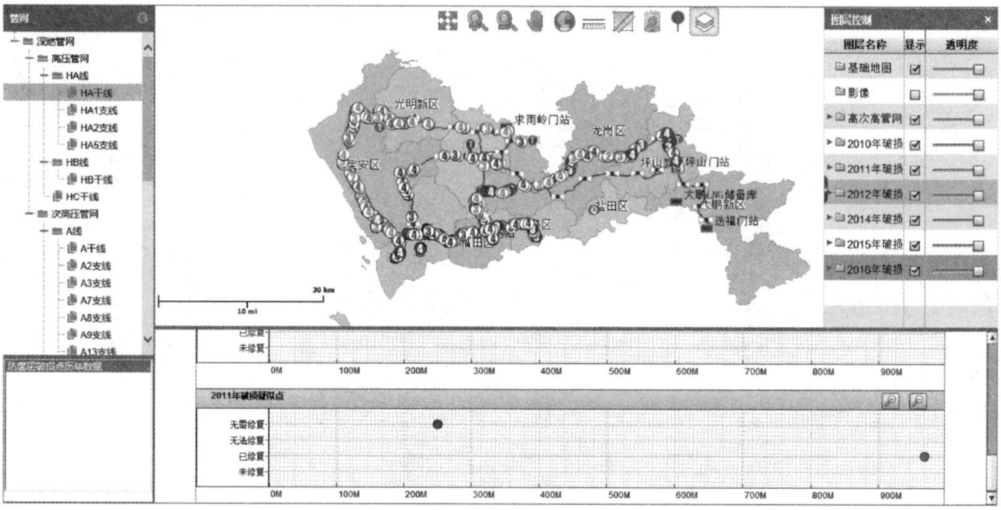

图 8-104　高压、次高压管道多年数据对比系统界面图

8.5.6 高压、次高压管道应急处置预案

通过在地图上框选范围，系统对该范围进行应急处置预案分析，地图左边框为应急分析内容，地图右边框为应急处置步骤(见图 8-105)。可显示该范围的管道基础数据，如管径、管长、管储、两端阀室的基础数据等。应急分析内容为：受影响阀门、应急联络信息、停气管段、受影响管段、受影响调压站。可导出临时预案，根据预先制定的处置步骤，选择可能遇到的处置步骤，导出临时预案步骤。

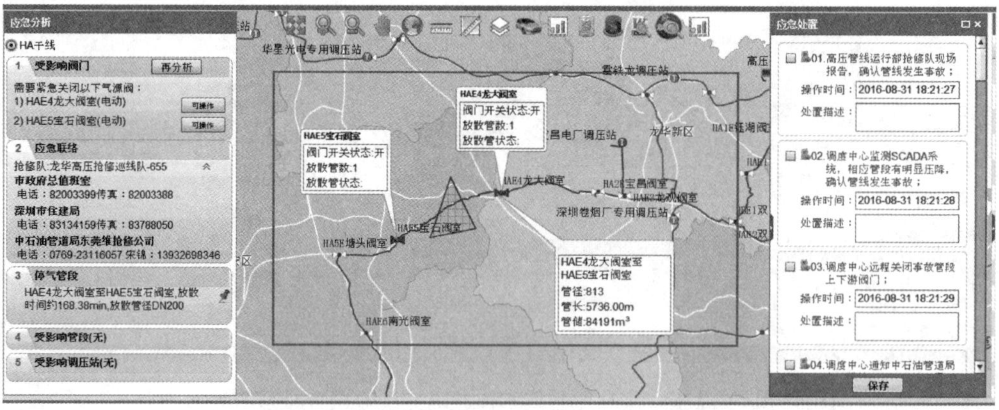

图 8-105　高压、次高压管道应急处置预案系统界面图

8.5.7 中压管线应急抢修专项数据分析

针对中压管道抢维修历史数据进行统计分析，基于时间维度和空间维度(专业地图、基础地理信息、周边环境)，分别对抢维修事件现象和成因进行分类统计，辅助工程师掌握燃气泄漏的趋势，为下一年度风险管控措施提供数据支撑(见图8-106)。

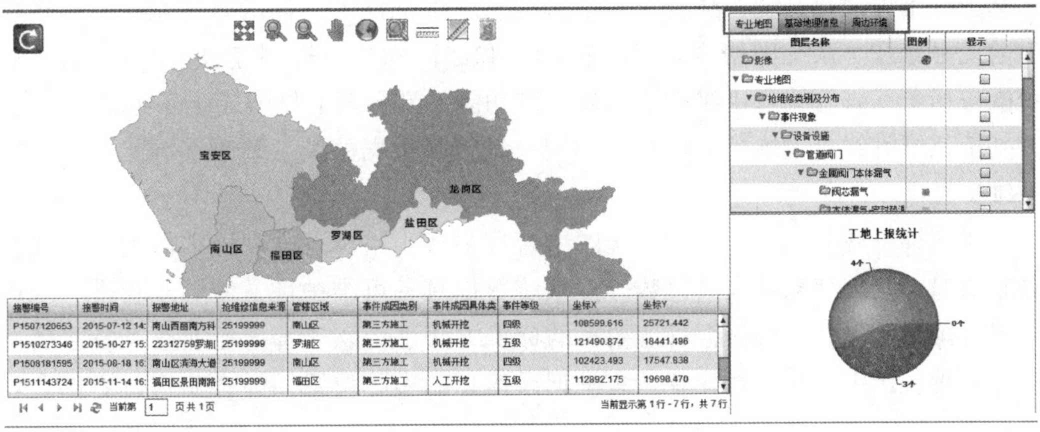

图8-106 中压管线应急抢修专项数据分析系统界面图

8.5.8 工地管理专项数据分析

工地管理专项数据按以下几种方式统计：工地管理信息、行政区、巡查队、巡查片区、工地类型、管道保护协议、巡查频次。点击统计的数字，可查看到相对应的数据详细信息以及统计图，并可进行导出(见图8-107)。

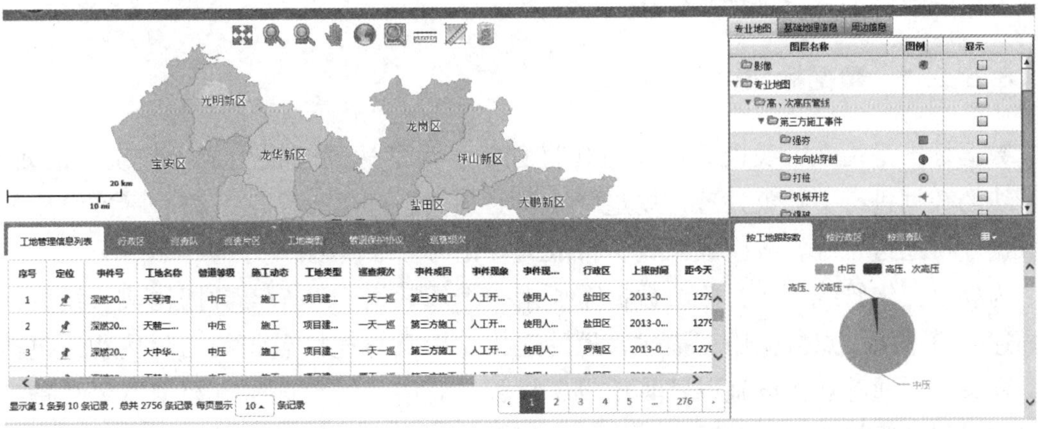

图8-107 工地管理专项数据分析系统界面图

8.6 三维可视化系统

8.6.1 总体设计

基于三维可视化系统，建设集地上管线、三维部件于一体的管理系统，实现燃气管道的统一管理。系统围绕企业的工商用户和居民用户，规划建设三维可视化系统，系统既包括了三维管线自主维护、基础三维功能，又实现了与燃气业务功能相结合。

基于三维管线自主维护，用户可实现三维管线数据的统一管理、维护，使数据具备可维护性。

依托三维可视化系统，改变传统图纸管理模式，用户可直观地掌握地上管线及部件分布情况、基础信息及表具读数等。系统数据具备可维护性，使燃气管道三维可视化数据可持续管理。又可根据管道要素的标识方法进行燃气管道专业查询及多属性条件统计分析，让用户准确地找到系统中记录信息的实际位置，为企业提供更加直观的管理形式。

8.6.2 三维管线自主维护

为实现用户新建或改线数据自主三维管线维护，结合用户实际，满足数据驱动三维管线生成，需建立一套数据标准，只有满足数据标准的管线才可通过三维管线生成工具生成三维管线。

依托统一的数据标准，建立地上管线统一的数据中心，实现三维管线数据的管理、新建或改线数据的自主维护等操作。

8.6.2.1 数据标准建立

数据标准是指在管线模型三维重建过程中，为了达到管线生成操作统一的效果，对管线的数据进行了抽象处理，规定管线所必须具备的属性字段。符合标准结构的管线数据才可通过三维管线生成工具，将数据转化为三维模型。

为满足三维管线生成，管线数据需要由一个线数据和一个点数据构成。线数据用于描述管道本身，点数据用于描述管道的连接点以及与连接点相关的附属物，包括井室、弯头、三通等连接设施以及其他设备设施。其中，线数据与点数据需要具备唯一索引，以保证管线的拓扑关系。

为实现管线数据以属性驱动生成三维的方式进行展示，针对线数据、点数据建立一套基本的属性数据标准，用于描述线数据及点数据的位置信息、高程数据、拓扑关系等。

线数据标准(示例)如表 8-1 所示。

表 8-1 线数据标准(示例)

字段名称	类　　型	备　　注
起点唯一标识	字符	管段的起始点编号，所引导管点的唯一编号
终点唯一标识	字符	管段的终止点编号，所引导管点的唯一编号
管径	数值	
管线材质	字符	
管线名称	字符	
起点埋深	数值	
终点埋深	数值	
起点管顶高程	数值	
起点管底高程	数值	
终点管顶高程	数值	
终点管底高程	数值	

点数据标准(示例)如表 8-2 所示。

表 8-2 点数据标准(示例)

字段名称	类　　型	备　　注
唯一标识	字符	唯一地标记一个点
X 坐标	数值	
Y 坐标	数值	
埋深	数值	
特征	字符	建(构)筑物、附属物类型
管线名称	字符	
地面高程	数值	点至地面的绝对高程，单位为 m

8.6.2.2 三维管线数据维护

在维护新建或改线数据时，由于三维管线是根据属性数据驱动生成的，因此生成三维之前为满足数据标准需要对现有管线数据进行数据整理，包含线数据、点数据及配套数据字段，通过数据检查、数据校验等方式保证管线数据的唯一性，使管线数据符合数据标准规范，再通过三维管线生成工具生成三维管线(见图 8-108)。

三维管线数据维护实现逻辑如图 8-108 所示：首先在三维管线生成工具内加载点数据、线数据，利用点数据提取管线上的设备设施的位置及属性信息，利用线数据提取管线的位置、连接关系、属性等信息；其次通过配置准确的空间参考系，确定数据坐落位置，完善相关属性参数配置，确定生成三维管线时需要提取的数据字段信息，配置管线展现的颜色及相关设备设施模型；最终生成三维管线，完善三维管线数据维护。

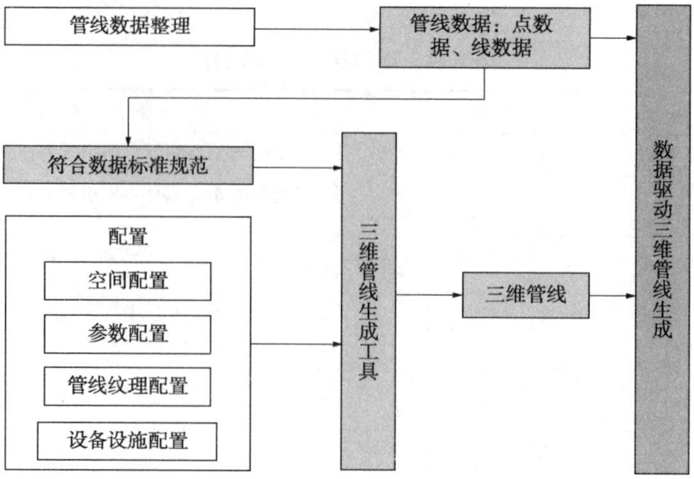

图 8-108　三维管线数据维护

8.6.2.3　三维管线数据管理

依托统一的数据标准，建立地上三维数据中心，实现对生成的三维管线数据的统一管理。支持用户对管线基本属性信息进行再次维护，使数据具备可维护性；出地点管端关联输配管线，并支持管线与作业信息关联，最终生成三维管线，实现管线可视化管理(见图 8-109)。

图 8-109　三维管线数据管理

8.6.3　三维可视化应用

8.6.3.1　三维基础功能

依托深圳燃气成熟的三维平台，结合罗湖公司地上管道及设备实际，搭建地上三维可视化系统。系统提供三维基础操作功能，包括浏览、量测、漫游、标记、标绘、地图打印与分享、兴趣点查询等，辅助用户直观、便捷操作。

1. 三维浏览

系统提供丰富、流畅的三维空间浏览功能，支持 PC 端鼠标或移动端手指操作，实现对三维空间进行放大缩小、拖拽、旋转等操作功能，便于了解地上管线、设备等分布情况。同时，还支持矢量、瓦片、在线地图的叠加显示与浏览(见图 8-110)。

(1) 地图缩放：可对三维空间进行点击或拉框进行缩放；

(2) 漫游地图：可对三维空间进行任意漫游拖动；

(3) 全图显示：全球显示三维空间；

(4) 自定视图：以自定坐标和范围定位显示三维空间；

(5) 比例显示：动态显示任意时刻的当前地图比例；

(6) 打印地图或将图片另存。

图 8-110　三维浏览

2. 量算分析

提供测量长度、剖面、面积、高度功能，并可动态切换单位显示不同结果(见图 8-111)。

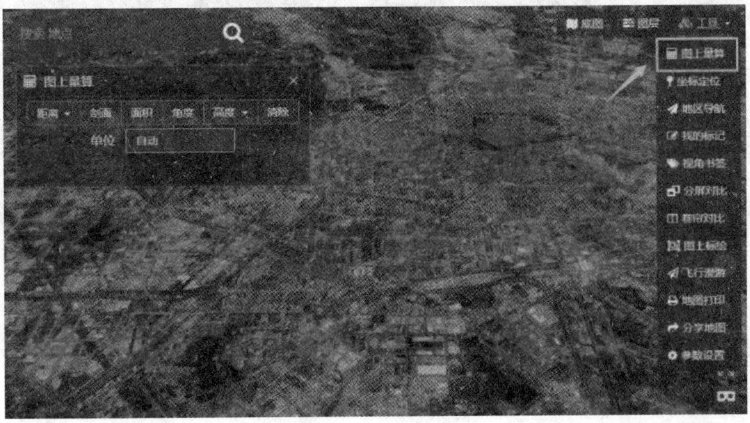

图 8-111　量算分析

3. 飞行漫游

可以预设新增一些路线，下次进入后可以直接单击漫游，自动按路线进行播放漫游，设置的参数不同，漫游的效果也不一样(见图 8-112)。可以通过“查看剖面图”查看飞行路线对应地面的海拔信息和飞行路线情况。

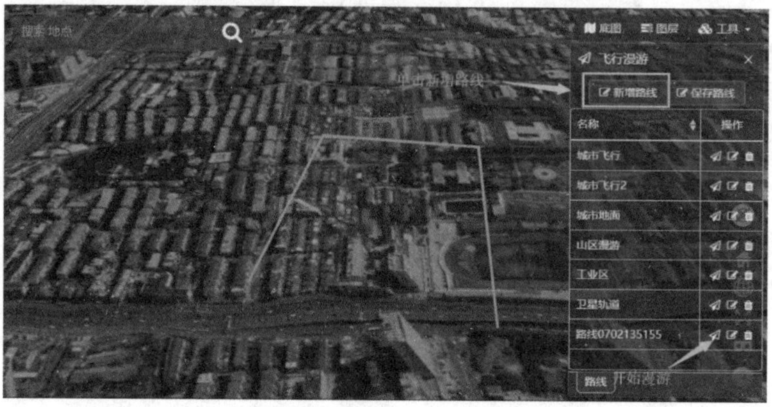

图 8-112　飞行漫游

4. 卷帘对比

可以按左、右屏幕对不同底图进行对比分析，并可卷帘进行拖动(见图 8-113)。可以单击下拉框切换不同底图。

图 8-113　卷帘对比

5. 我的标记

可以在图上随意标记点数据，并设置名称、备注信息(见图 8-114)。标注的数据可以保存成文件，也可以再次打开之前保存的文件。可以拖动图标修改标记的位置。

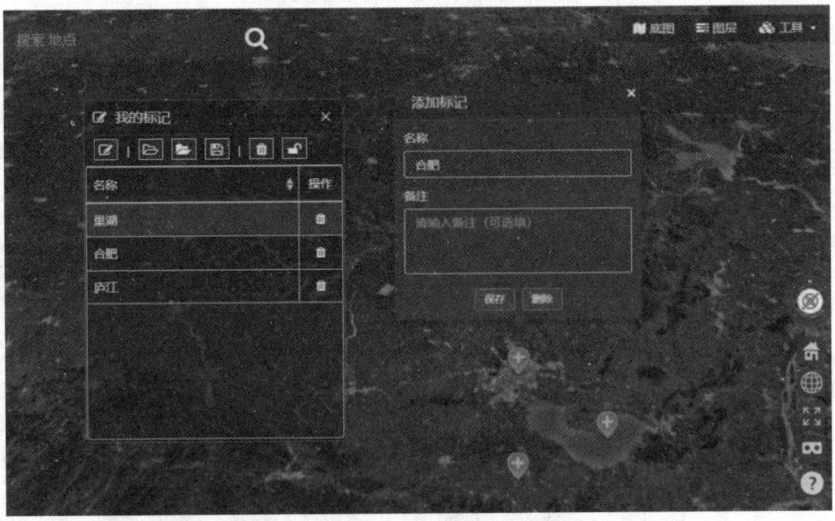

图 8-114　我的标记

6. 视角书签

可以将地图当前视域(当前的位置信息)保存为书签记录，单击后可快速切换地图视域。

7. 图上标绘

可以在地图上标绘文字、图片点、字体图标点、折线、多边形、矩形、圆、图片，并可以设置相关样式参数，保存为 GeoJSON 文件，并可以打开已保存的文件。通过“清除标绘”功能可以清除图上所有标绘标号。

同时支持矢量标绘，可自动切换到属性编辑面板，修改相关属性。对图上的标绘信息可以锁定图上标号变为不可以编辑状态，再次单击即可取消锁定。

标绘功能的标号是可以通过配置显示不同效果的数据，可以配置不同图标点、不同模型、不同颜色、不同属性的所有基本标号。

8. 地图打印

可以打印地图区域，或将地图导出为图片，保存为相关格式的图片文件(见图 8-115)。

9. 分享地图

可以通过链接与朋友分享当前的地图位置(见图 8-116)。其他人打开链接后与您现在的视域效果是一致的。

10. POI 兴趣点查询栏

支持使用百度在线服务并模仿百度地图的 POI 查询功能，具有智能提示、地区提示、分页等功能(见图 8-117)。

图 8-115　地图打印

图 8-116　分享地图

图 8-117　POI 兴趣点查询栏

8.6.3.2 管道三维定位

针对地上管线特点，建立管道要素的标识方法(里程、坐标、编号、相对位置等)，系统提供定位方法，实现快速、准确的地图定位，可以让用户准确地找到系统中记录信息的实际位置(见图 8-118)。

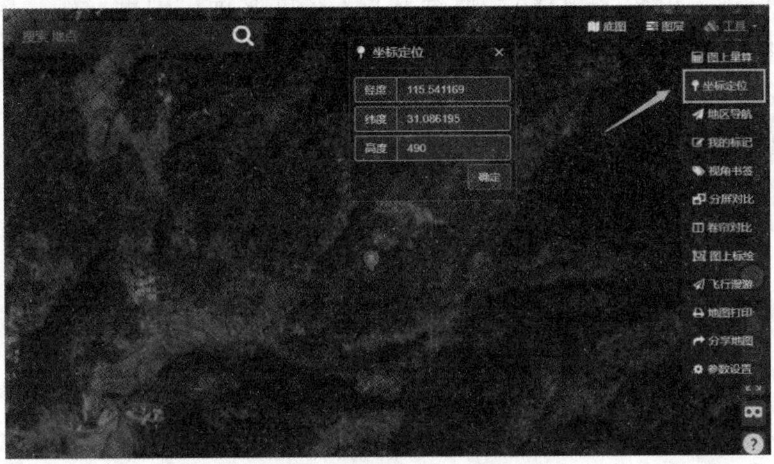

图 8-118 管道三维定位

8.6.3.3 联动查询

针对地上管线及部件数据，可以通过浏览器进行图形和属性信息的互动查询，支持点击查询、快速查询、按位置查询、条件查询、沿线查询等查询方式，支持用户通过多种方式实现查询管网属性信息的目的。

也可以在三维场景中点击模型和在数据列表中点击数据查看管线的详情信息。

(1) 拾取查询　是由图形到属性的查询方式，通过点击选择图形使该图形处于选中状态，高亮显示，显示其对操作用户开放的属性信息和图形信息。

(2) 条件查询　通过确定查询条件查询地图中符合条件的管线，使查询到的管线处于选中状态，图形高亮显示，并能对查询到的多类、多条管线依次浏览闪烁定位，显示其对操作用户开放的属性信息和图形信息，亦可分别进行多种报表的显示和输出。

(3) 范围查询　对用户划定的范围，系统能快速查询出该区域内的管线信息。

8.6.3.4 图层管理

针对地上三维可视化系统，支持多图层设置与浏览功能；针对工商用户、居民用户、可燃气体报警探头、喷淋探头、炉具(燃具)、管道等分别设置相应图层，实现对各类别信息的专题展示分析。

8.6.3.5 综合统计

对于各管网和表具信息，系统针对用户的不同需要，提供不同的统计方式：

(1) 根据企业用户的日常统计工作，提供了按施工单位、材质、防腐工艺、是否公用管道、材质等属性统计设备数目，或按管材(镀锌管、无缝钢管、薄壁管等)、管径(*DN*15～*DN*150，约 8 个规格)、腐蚀状况(严重腐蚀、中度腐蚀、轻微腐蚀、正常)、圈占压情况(圈占、占压、暗设、暗埋)、作业信息(维修维护工地)、区域(综合体、小区、城中村)等信息统计管道里程等。

(2) 针对所有类型设备，可以进行通用统计。

统计结果不仅可以以图表、列表的方式进行可视化展示，而且可以导出为 Excel、png 等格式的文件。

8.6.4 移动 APP 应用

移动 APP 支持在手机端查看三维图像，实现三维模型的浏览、漫游、查询定位等功能(见图 8-119)。支持在手机端查看三维视图展示情况，查看表具基本信息及读数，并可根据设定的查询条件查询终端用户信息。因考虑后期业务需求扩展，设计移动 APP 端支持二次开发管理，可根据用户需求扩展相应的功能模块。

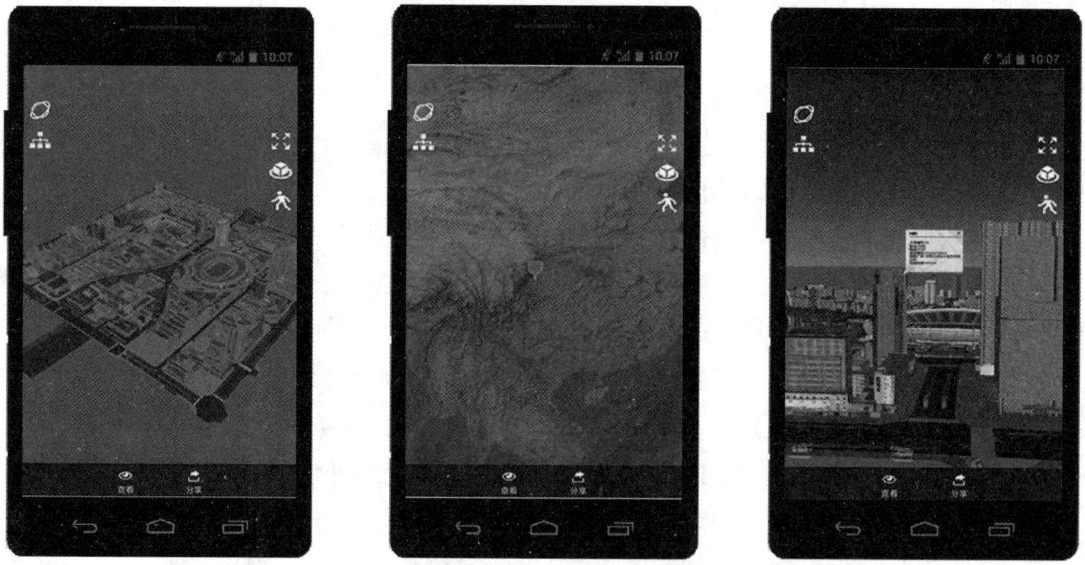

图 8-119 移动 APP 应用

8.7 三维应急演练

三维应急演练系统是基于地理信息平台的安全生产应急演练3D可视化系统。系统以虚拟现实、三维GIS、网络语音通信和数据传输等技术为支撑，在场景高度仿真的基础上实现“电子沙盘”式的模拟安全生产演练演习，这样不仅提高了各部门人员之间的协作能力，同时还展现了逼真的事故现场效果。

8.7.1 基于地理信息的物质管理

整合GIS技术对整个管网进行全方位的监控、高效率的管理和及时的维护。通过整合管线和设备周围的地理信息、管线、场站和设备本身的空间信息及其图形信息、维护信息、监控信息等信息于一体，并集成管线集输的相关专业信息，将管线和设备的运行状态借助地理空间实时地提供给运营者，为运营、管线巡查、设备维护安全管理提供支撑。

8.7.2 真实地形地貌

利用三维GIS的优势展现出场站、管线模型，参与者和决策者能根据立体的三维模型进一步查看在二维GIS中无法查阅到的信息，如场站的真实模型及周边真实地形，还可以制作三维案例、三维演练教材等。

8.7.3 数字化预案

系统提供几个行业内比较规范的预案制作模板以供参考，同时企业可根据自身的规模、工作流程、应急响应流程等灵活配置模板。这样预案的实用性和灵活性更好、针对性更强。

8.7.4 智能监控预警

以三维地理信息系统为基础的实时监测预警、动态监管、应急联动的功能，可实现对重大危险源全方位、全过程、全时空的实时监控，逐步利用现代高新技术，对危险源对象的安全状况进行实时监控，严密监视并及时传递可能使危险源对象的安全状态向事故临界状态转化的各种参数的变化趋势，及时发出预警和控制指令，把事故隐患消灭在萌芽状态。

8.7.5 及时事件响应

城市燃气管道周边环境复杂，管线附近经常会有突发事件发生，事件经过上报后会及时被调度人员录入系统，然后指派相关负责人。系统会实时地提示负责人进行事件确认，然后进行事件处理。避免了由于通信方面和组织协调过程中出现的延误，避免了事件进一恶化、损失加重、影响范围扩大。

8.7.6 三维桌面推演

针对实战演练耗时多、成本高、协调复杂等缺陷，三维应急演练系统提供了电子沙盘，用户可以在沙盘中进行实时桌面推演。该功能保证了良好的互动性，让参与的人不仅能直观形象地理解整个推演过程，而且能加入推演过程中进行互动。类似多人互动游戏，让每个参与者都各尽所能，明确自己在整个演习过程中的职责。这样既节约了时间、降低了成本，同时也能达到实战演练的同等效果。

8.7.7 三维动画案例

城市燃气行业事故频发，以往的事故案例记录大多数是文字材料，图文并茂的已经算不错的了，但这些资料并不足以让人直观形象地理解和记忆。现在通过三维动画，案例就可以以空间动画的形式还原事故现场、事故发展过程、事故总结等场景，让观看者有种身临其境的感觉，无论是用到培训学习中还是汇报会议中都是最好的资料。

第 9 章　城镇燃气管道风险管理实践

燃气管道风险管理贯穿管道全生命周期，是一种以预防为主，强调持续改进的管理模式。管道风险管理的流程主要包括管道风险分析、风险评价和风险控制。具体来说就是通过全面深入的风险分析，制定维护策略，使管道管理者更灵活地选择减缓风险的措施，将风险控制在合理可接受的范围内。

9.1　燃气管道风险管理实践总结

燃气管道风险管理涉及管道设计、施工、运行维护和报废等各个环节，需要投入大量的人力物力。因此，为了解决风险评估中遇到的技术难题，以及扎实推进风险管理工作，最好的做法是：

首先，成立工作小组，强化组织保障。制定工作计划，明确小组工作职责和要求，并进一步详细分解工作任务，明确责任人，为顺利推进风险管理建设工作提供重要的组织保障。

其次，确定管道风险管理程序，明确风险评估方法是开展管道风险管理工作的首要任务。通过调研大量国内外资料文献，不断研究管道风险评估方法，并充分结合公司管理实际，确定合理科学的风险评估方法。

第三，全面辨识危害因素是开展风险管理的基本要求，也是风险评估的关键环节。为了全面辨识管道运行危害因素，管道风险管理者要组织具有专业背景的工程师和经验丰富的管理人员，采取头脑风暴办法，集思广益，充分辨识管道危害因素，并通过系统地梳理管道历年数据，支撑风险评估。

第四，管道风险评估模型是管道风险计算的前提，也是科学评估风险的基础，建立科学合理的风险评估模型至关重要。为了建立科学合理且符合企业管理实际的风险评估模型，需要综合分析和科学论证，并切合企业安全管理实际，保障评估模型的可操作性。

第五，确定风险分级标准，指导风险管控。依据国家、省市风险分级标准，并重点结合企业安全生产管理目标和方针，研究企业风险可接受程度，从而确立风险分级准则和风险矩阵，为管道风险评估结果分级提供科学依据，进而制定管道运行风险清单和绘制风险分布四色图。根据风险分级情况开展管道风险管控，分级落实风险管控措施，如工程、技术、管理和应急等措施，消减管道运行风险。

总之，风险管理需要在“自下而上”和“自上而下”的技术攻关和科学指导下，按照科学的风险评估程序开展，并通过完善风险管控制度，固化风险分级管控程序，保障风险评估的科学性。

9.2 深圳燃气次高压 A 线风险管理探索与实践

深圳市燃气集团股份有限公司(以下简称深圳燃气)管辖的天然气次高压管网已投产运行 192.2km(包括 A、B、C、D、F 线)，管道设计压力为 1.6MPa，设计温度为常温，工作压力为 1.5MPa，工作温度为常温，输送介质为天然气。管道规格为 ϕ508×7.9mm、ϕ508×9.5mm、ϕ323×6.4mm、ϕ323×7.9mm，材质为 L360 的双面埋弧直焊缝钢管，外防腐层采用 3PE 加强级防腐层，管道采用牺牲阳极进行了阴极保护。此次研究的管段为次高压 A 线管道，如图 9-1 所示，起点为坪山门站，经坪山区、龙岗区、龙华区、福田区，终点为凯丰路阀室，全长约为 61km，管道规格为 ϕ508×7.9mm、ϕ508×9.5mm，于 2009 年 1 月投入使用，输送介质为天然气。管道敷设在公路周边的绿化带、公路边的人行道等处，交通枢纽多，穿越公路较多。

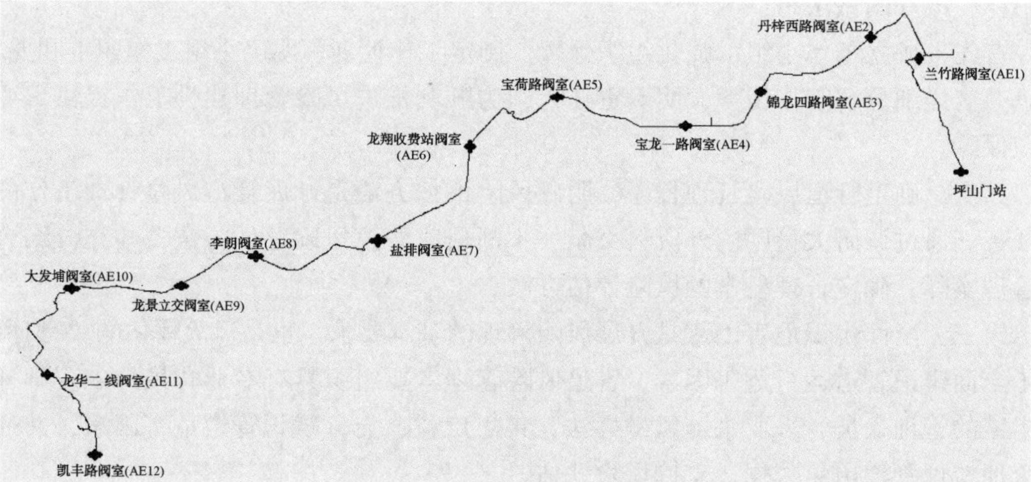

图 9-1　次高压 A 线管线图

9.2.1 管道风险评估方法的选择

经过大量资料调研，发现针对管道风险评估的定性、半定量方法众多，如预先危险性分析(PHA)、安全检查表(SCL)、失效模式和影响分析(FMEA)、危险可操作性分析(HAZOP)、事故树分析(FTA)、事件树分析(ETA)、肯特法(KENT 法)等。

肯特法(KENT 法)是目前国际上广泛应用的风险评价方法，该方法是基于美国政府运输部的实际运行经验和相关研究得出的，简单易懂，可操作性好，便于掌握，在管道的安全分析和评价中发挥了重要作用。肯特法是在求取各段管道风险大小的基础上，确定各管道的风险程度。肯特法评价模型建立在以下假设基础上：

（1）独立性假设　影响风险的各个因素是相互独立的，即对于管段来说每个因素都能独立影响其风险状态，其风险值是各独立因素总和。

（2）最坏情况假设　一条管段的最坏情况决定该管段的评价分值。

（3）相对性假设　风险评估的分值是相对概念，只有在相对情况下才具有实际意义。一条管道所得风险评估值的大小表示了相对于其他被评价管道风险值的高低，事实上绝对风险是无法计算的。

（4）加权计算　对各评价项进行加权，将风险值进行量化，反映各项的相对重要性。

针对输气管道风险评估方法，GB 32167—2015《油气输送管道完整性管理规范》推荐指标体系法，即 GB/T 27512—2011《埋地钢质管道风险评估方法》。综合分析上述风险评价方法，决定采用指标体系法。

从管道失效可能性和失效后果严重性两个方面综合考虑管道风险大小，将失效可能性和失效后果划分为 5 级，结合企业风险矩阵进行风险分级，绘制风险四色图。通过建立健全风险分级管控制度，落实风险管控措施，降低管道风险。管道风险评估技术路线如图 9-2 所示。

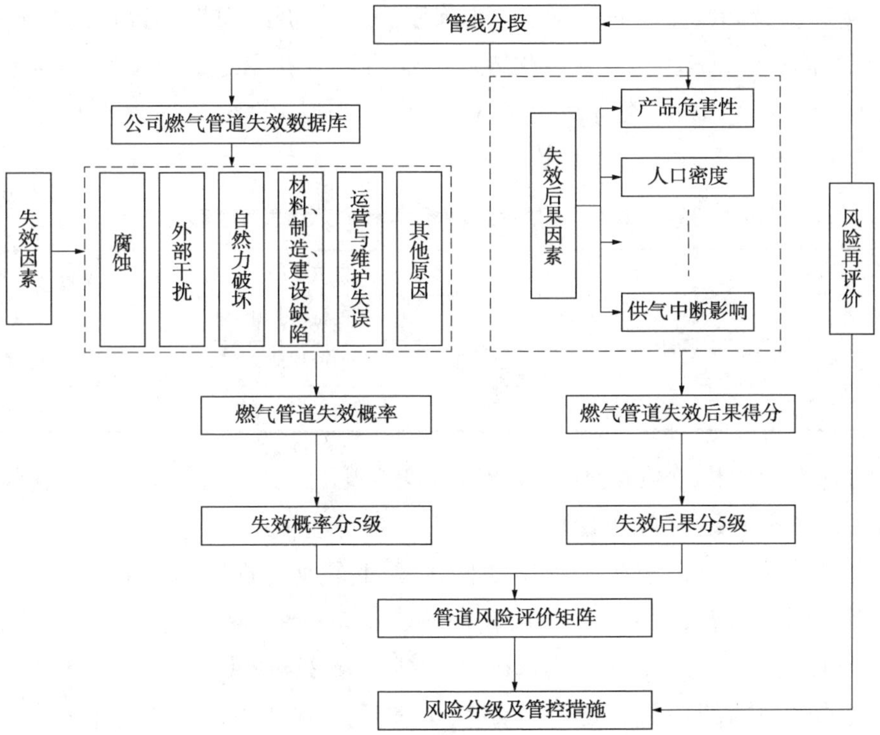

图 9-2　管道风险评估技术路线

9.2.2 燃气管道风险因素识别

在燃气管道风险管理过程中，管道失效数据的统计分析非常重要。对收集到的管道失效数据进行统计与分析，是对管道风险因素进行合理分类的前提，也是评价管道失效可能性并量化管道风险的依据。欧美等西方发达国家对管道事故统计时间较长，数据丰富。其中，美国政府运输部下属的管道和危险化学品管理局将事故原因分为7类，分别是腐蚀、挖掘损伤、误操作、材料/焊接/装备失效、自然力破坏、其他外力破坏、其他原因。1986~2015年美国各类原因引发的天然气管道事故统计情况如表9-1所示，其中，其他外力破坏是管道发生事故的主要原因。

表9-1　1986~2015年美国各类原因引发的天然气管道事故统计表

事故原因	比例/%	事故原因	比例/%
腐蚀	3.93	自然力破坏	3.50
挖掘损伤	10.22	其他外力破坏	44.51
误操作	10.22	其他原因	24.37
材料/焊接/装备失效	3.25		

欧洲的天然气输送管道运营商也都有着悠久的管道失效数据统计历史，大多数公司从1970年起就开始收集数据。欧洲气体管道事故数据组织将导致管道事故的原因分为外部干扰、腐蚀、建造缺陷/材料失效、错误带压开孔、地面移动和其他未知因素6大类。1970~2010年欧洲各类原因导致的天然气管道事故统计如表9-2所示，其中，外部干扰是引发管道失效的主要原因。

表9-2　1970~2010年欧洲各类原因导致的天然气管道事故统计表

事故原因	比例/%	事故原因	比例/%
外部干扰	48.40	错误带压开孔	4.80
腐蚀	16.10	地面移动	7.40
建造缺陷/材料失效	16.70	其他未知因素	6.60

国内的管道历史失效数据收集尚处于起步阶段，缺少功能齐全、数据丰富、来源可靠的失效数据。结合自身管理经验，统计本企业近八年的燃气管道事故，借鉴国外管道失效原因分类的做法，依据我国国情和企业管理要求，将导致管道发生事故的风险因素划分为腐蚀、外部干扰、自然力破坏、材料/制造/建设缺陷、运营与维护失误、其他原因6大类，在此基础上详细划分23项风险因素。2009~2016年深圳燃气各类原因引发的燃气管道事故如表9-3所示，其中，外部干扰是引发管道失效的主要原因。

表 9-3　2009~2016 年深圳燃气各类原因引发燃气管道紧急事故统计表

事故原因	比例/%	事故原因	比例/%
腐蚀	6.00	材料/制造/建设缺陷	6.00
外部干扰	77.00	运营与维护失误	1.00
自然力破坏	4.00	其他原因	6.00

9.2.3　燃气管道风险评估单元划分

对管线进行风险评估时，首先应划分管段。管段划分要结合管道本体及周边环境信息，主要依据管道沿线人口密度、地形地貌特征、土壤状况、腐蚀防护状况、管道使用年限及管道材质等因素。

考虑到管道运行时间的增加，管道运行情况不断变化，危险管段、特殊区域日益增多，以及管道管理者风险管理水平的高低，需要在管段的基础上进一步划分风险评估单元。评估单元是风险评估的最小单位，单元划分大小取决于管理者要求的程度，评估单元划分越大，管理越粗放；评估单元划分越小，管理越精细，但成本也大幅增加。因此，要充分权衡二者的关系，制定评估单元划分原则，以达到最优的分段效果。

例如深圳燃气次高压管道(以下简称 A 管道)长度为 61km，结合管道材质、输送工艺、腐蚀防护、线路截断阀和敷设环境等因素，按照先后顺序对管道进行评估单元划分，划分过程中充分考虑管道基本属性、环境和可操作性。该管道划分为 26 个评估单元，最大评估单元长度约为 5km，最小评估单元长度约为 400m，平均长度为 2.3km。如图 9-3 所示，根据评估单元划分原则，将阀室间管道划分为若干相互独立的风险评估单元，评估单元用紫色(图中深色)和绿色(图中浅色)两种不同颜色区别，每种颜色标识的管段代表一个独立的评估单元，以便进行管道风险评估。

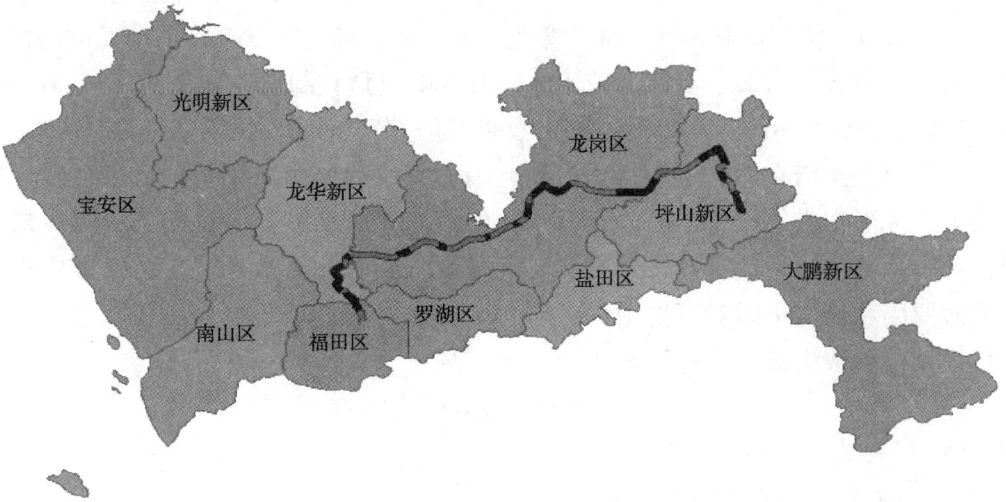

图 9-3　管道风险评估单元划分

9.2.4 燃气管道风险计算

管道失效可能性是指管道发生事故的可能性，以分数表示，失效可能性分值越高，说明发生事故可能性越大。GB/T 27512—2011 提供了城市燃气管道风险评估的基本模型，对管道风险评估计算具有一定的指导意义。但是，因为管道所处的客观实际环境条件和管理现状不同，在进行管道风险管理时，需进行修正，建立修正模型。深圳燃气在管道风险因素识别的基础上，根据安全现状，通过参考风险评估的基本模型，建立了 6 参数修正模型，形成失效可能性计算公式：

$$S=100-(0.06S_1+0.7S_2+0.08S_3+0.1S_4+0.05S_5+0.01S_6) \tag{9-1}$$

式中 S——失效可能性评分；

S_1——腐蚀评分；

S_2——外部干扰评分；

S_3——自然力破坏评分；

S_4——材料/制造/建设缺陷评分；

S_5——运行与维护失误评分；

S_6——其他原因评分。

式中，$S_1 \sim S_6$前面的系数为各类风险因素权重，是结合本企业管理状况而确定的各类风险因素的权重，如系数 0.06 为腐蚀风险因素权重。S_1，S_2，…，S_6的取值范围均是[0，100]，取值大小对应风险因素控制的好坏，例如 S_1值越大，则腐蚀越轻；S_1值越小，则腐蚀越严重。修正模型是在基本模型的架构下调整相关因素的评分权重，增加所评估管道特有的风险因素，或在基本模型中剔除不影响所评估管道风险排序的风险因素，依据企业和行业风险管理专家经验，对每个管道评估单元进行失效可能性分析。例如，对 A 管道风险评估，分别识别出 6 大类 23 项风险因素，结合管道输送介质压力、流量等工艺参数，依据企业和行业风险管理专家经验，确定第二个评估单元的腐蚀评分为 69、外部干扰评分为 72、自然力破坏评分为 100、材料/制造/建设缺陷评分为 96、运行与维护失误评分为 100、其他原因评分为 98，通过公式计算失效可能性评分为 22.08。

失效后果是指潜在的管道泄漏、燃烧、爆炸等事故所可能引起的人员伤亡、直接经济损失、无形损失等后果，以分数表示，失效后果分值越高，说明事故损失后果越严重。分别从介质短期危害性、介质最大泄漏量、介质的扩散性、人口密度、沿线环境、泄漏原因和供应中断对下游用户影响 7 个方面对失效后果进行分析，建立失效后果评估模型，形成失效后果计算公式：

$$C=C_1+C_2+C_3+C_4+C_5+C_6+C_7 \tag{9-2}$$

式中 C——失效后果得分；

C_1——介质短期危害性评分；

C_2——介质最大泄漏量评分；

C_3——自介质扩散性评分；

C_4——人口密度评分；

C_5——沿线环境评分；

C_6——泄漏原因评分；

C_7——供应中断对下游用户影响评分。

C_1，C_2，…，C_7的取值范围分别是[0，36]、[1，20]、[3，15]、[0，20]、[0，15]、[1，8]、[7，36]，取值大小对应失效后果影响大小，例如C_1取值越大，即介质短期危害性越大；C_1取值越小，即介质短期危害性越小。失效后果分析时结合本企业管道输送介质、输送工艺、管道周边环境和管理状况以及本企业和行业风险管理专家经验，确定失效后果影响因素评分。例如本企业A管道输送天然气的压力、流量，管道周边人口和财产分布密度，管道供应中断对下游影响等，并基于本企业管理现状，依据企业和行业风险管理专家经验，确定第二个评估单元的介质短期危害性评分为16、介质最大泄漏量评分为20、自介质扩散性评分为15、人口密度评分为20、沿线环境评分为15、泄漏原因评分为8、供应中断对下游用户影响评分为34，通过公式计算，失效后果评分为128。

9.2.5 风险分级管控

风险是某种特定的危险事件发生可能性与其产生后果的组合。风险值一般由失效可能性和失效后果两方面综合计算得到，以数值表示，风险值越大，说明危险性越大。

$$R=SC \tag{9-3}$$

式中 R——风险值；

S——失效可能性；

C——失效后果。

风险矩阵是一种用于展示风险，并对风险进行分级排序的工具。风险矩阵包括可能性与后果两个要素，它可以直观地从事故发生可能性和事故造成的损失两个维度来分析风险高低。这种风险评估工具概念清晰、简单易操作、输出结果明确，有利于风险管理工作的开展。

通常风险矩阵横轴表示失效后果，若将失效后果分为5个等级，分别用1~5表示，则对应的事故后果严重性从小变大。失效后果等级1~5分别对应公式(9-2)中失效后果评分结果，失效后果等级与失效后果评分对应关系如表9-4所示。

表9-4 失效后果等级与失效后果评分对应关系表

失效后果等级	失效后果评分	失效后果等级	失效后果评分
1	[0，30)	4	[105，135)
2	[30，65)	5	[135，150]
3	[65，105)		

风险矩阵纵轴表示失效可能性，若将失效可能性分为 5 个等级，分别用 1～5 表示，则对应的事故发生可能性从小变大。失效可能性等级 1～5 分别对应公式(9-1)中失效可能性评分，失效可能性等级与失效可能性评分对应关系如表 9-5 所示。

表 9-5　失效可能性等级与失效可能性评分对应关系表

失效可能性等级	失效可能性评分	失效可能性等级	失效可能性评分
1	[0, 20)	4	[70, 90)
2	[20, 44)	5	[90, 100]
3	[44, 70)		

将风险矩阵中的失效可能性等级与失效后果等级相乘，可获得风险等级值，如公式(9-4)所示。若将风险等级值分别用 1～25 表示，则风险等级值大小表示了风险高低，如矩阵中失效可能性等级为 2，失效后果等级为 4，则可计算出风险等级值为 8。

$$R_r = S_r C_r \tag{9-4}$$

式中　R_r——风险等级值；

S_r——失效可能性等级；

C_r——失效后果等级。

通过上述管道失效可能性等级和失效后果等级分析，将计算得到的风险等级值与本企业的风险可接受水平相比较，可以确定本企业可接受的管道风险严重性分级水平，风险严重性与风险等级值 R_r 对应关系如表 9-6 所示。风险矩阵如表 9-7 所示，风险等级按照严重性从高到低可分级为 4 级，即重大风险、较大风险、一般风险和低风险，分别用红色、橙色、黄色和蓝色表示。

表 9-6　风险严重性与风险等级值 R_r 对应关系表

风险严重性	风险等级值 R_r	风险严重性	风险等级值 R_r
重大风险	[15, 25]	一般风险	[5, 10)
较大风险	[10, 15)	低风险	[1, 5)

表 9-7　风险矩阵

			失效后果				
	等级值		1	2	3	4	5
			(0, 30)	[30, 65)	[65, 105)	[105, 135)	[135, 150]
失效可能性	5	[90, 100]	5	10	15	20	25
	4	[70, 90)	4	8	12	16	20
	3	[44, 70)	3	6	9	12	15
	2	[20, 44)	2	4	6	8	10
	1	(0, 20)	1	2	3	4	5

注：■重大风险(红色)；■较大风险(橙色)；■一般风险(黄色)；■低风险(蓝色)。

9.2.6 风险分级实例

例如对 A 管道评估单元进行风险评估和分级，由公式(9-1)计算失效可能性评分为 22.08，对应风险矩阵中的失效可能性等级 2，由公式(9-2)计算失效后果 128，对应风险矩阵中的失效后果等级 4，因此，将失效可能性等级 2 和失效后果等级 4 代入公式(9-4)，可计算出风险等级值为 8，在风险矩阵黄色区域，为一般风险。按照上述分析方法，本企业 A 管道的风险分布如图 9-4 所示，发现只有黄色(图中浅色)和蓝色(图中深色)两种颜色的风险，没有橙色和红色，即只有一般风险和低风险，没有较大风险和重大风险。

图 9-4 管道风险分布

9.2.7 风险分级管控

根据风险分级管控的要求，重大风险和较大风险是不可接受的，必须采取工程技术措施或管理措施降低风险至可接受水平；一般风险和低风险是可以接受的，但需要做好日常管理。应结合企业管理水平，针对每一项风险因素，提出相应的风险管控措施，确保各个风险因素在可控范围之内。例如，定期开展管道内检测工作，针对管道内检测发现的各类缺陷，制定缺陷管理规程，落实维修措施；针对管道外部活动频繁问题，制定管道巡查管理规定和管道标识管理细则等；针对杂散电流干扰，积极加强监测和排流措施，并设置管道阴极保护智能监控预警系统，实时监控保护；为防止地质灾害破坏燃气管道，安装管体的应力应变安全监测预警，加强对地质灾害的安全防范和监管等。

针对城镇燃气管道周边环境复杂、人口密度较大的特点，深圳燃气每年定期开展管道风险评估工作，及时制定并调整风险管控对策与措施，将风险控制在合理可接受的水平。

9.3 贵州燃气高压、次高压管线风险管理探索与实践

贵州燃气集团股份有限公司(以下简称贵州燃气)高度重视管道完整性管理，通过深入调研，最终选择借鉴深圳燃气管道完整性管理体系建设经验，按照整体规划、分步实施、急用优先的实施策略进行建设。

在项目建设初期，经充分研究和规划后，贵州燃气管道完整性管理体系总体划分为三期进行建设(见图 9-5)。其中一期项目已于 2019 年上半年完成建设并投入运营，一期项目主要制定了燃气管道完整性管理体系文件，依据体系文件建设管道完整性管理信息化平台，将管道日产运行相关业务数据录入到系统内，包括但不限于：内检测数据、外检测数据、阴保检测数据、管道保护数据等。一期项目的成功建设为二期即将实施开展的风险评价等功能打下了坚实的数据基础。

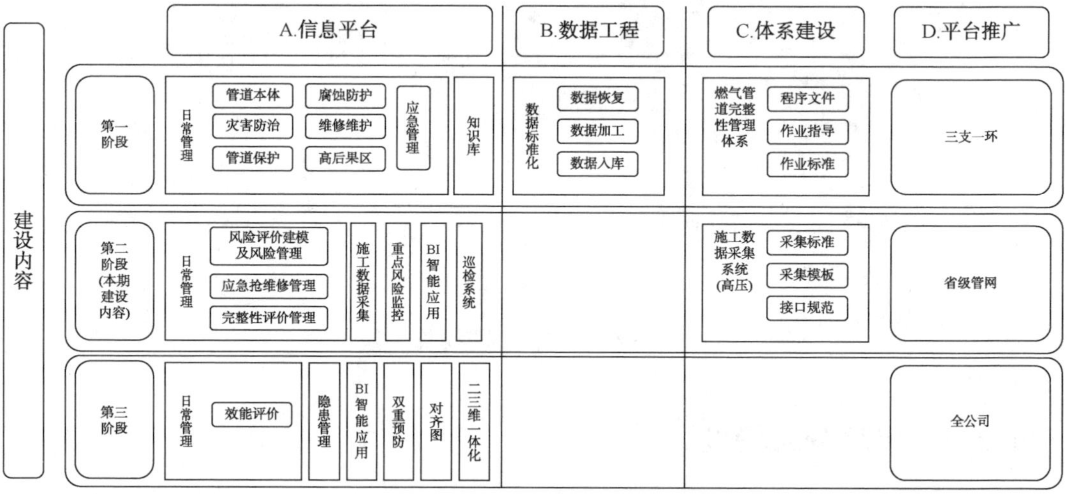

图 9-5　贵州燃气管道完整性管理体系建设

二期将制定高压、次高压管道建设期施工数据采集标准，建设施工数据采集系统、高压管道巡检系统及深化管道完整性管理系统，实现风险评价、管道合规性一览、管道管理重要数据分布、完整性评价管理。同时与生产调度管理综合平台交互，集成高压、次高压管道应急抢维修结果在管道完整性管理系统内展示。目前，已开发高压、次高压管道建设期施工数据采集系统(见图 9-6)，满足 4 家高压、次高压管道在建单位对管道建设期数据采集的需求，高压管道巡检系统(见图 9-7)、完整性管理系统功能深化等功能按照项目总体计划有序开展。

图 9-6　贵州燃气施工数据采集系统

图 9-7　贵州燃气高压管道巡检系统

三期将主要建设二维、三维可视化等工作，并向中压管道完整性管理、场站完整性管理延伸，开展设备失效库的建设、设备评估、场站建设期施工数据采集系统的建设、场站三维 GIS 系统的建设等工作。

参 考 文 献

[1] 王晨，杨光，王文想．深圳燃气管道完整性管理方案的研究[J]．煤气与热力，2010，30(8)：26-30.

[2] 董绍华．管道完整性管理技术与实践[M]．北京：中国石化出版社，2015：1-30.

[3] 帅健，董绍华．油气管道完整性管理[M]．北京：石油工业出版社，2017.

[4] 王晨，韩非，陈飞，等．城镇燃气管道建设期数据采集系统的建设[J]．煤气与热力，2018，38(11)：44-47.

[5] 刘传庆．内检测技术在城市燃气管道的应用[J]．煤气与热力，2021，41(1)：32-35.

[6] 田英帅，杨光，刘传庆．城镇燃气管道安全风险分级管控研究[J]．煤气与热力，2018，38(11)：48-52.

[7] 单克，杨光，孟伟，等．智慧燃气管道完整性管理实施内容与体系构建[C]．中国燃气运营与安全研讨会(第十一届)暨中国土木工程学会燃气分会 2021 年学术年会论文集(下册)，2021：38-47.

[8] 王晨．城镇燃气管道高后果区管控困境及对策[J]．煤气与热力，2020，40(4)：34-36.

[9] 狄彦，帅健，王晓霖．油气管道事故原因分析及分类方法研究[J]．中国安全科学学报，2013，23(7)：109-115.

[10] 帅健，单克．基于失效数据的油气管道定量风险评价方法[J]．天然气工业，2018，38(9)：129-138.

[11] 尤英俊，刘传庆，吕达，等．城市燃气管道完整性管理现状及发展趋势[J]．中国特种设备安全，2021，37(8)：6-9.

[12] 刘传庆．城市燃气管道内检测卡堵风险分析及处置措施[J]．煤气与热力，2021，41(10)：38-40.

[13] Shan K，Shuai J，Xu K，et al. Failure probability assessment of gas transmission pipelines based on historical failure-related data and modification factors[J]. Journal of Natural Gas Science and Engineering，2018，52：356-366.

[14] Shan K，Shuai J，Yang G，et al. Numerical study on the impact distance of a jet fire following the rupture of a natural gas pipeline. International Journal of Pressure Vessels and Piping. 2020，187：104-159.

[15] 单克，帅健，杨光，等．美国油气管道基本失效概率评估方法及启示[J]．油气储运，2020，39(5)：530-535.

[16] 孟伟，何卫，李璐伶，等．城镇燃气行业发展现状与关键前沿技术[J]．油气储运，2022，41(6)：673-681.

[17] 单克．基于数据统计及情景模拟的燃气管道定量风险评价方法研究[D]．中国石油大学(北京)，2019.

[18] 林冬，王毅辉，秦林，等．当前管道风险评价中存在的问题及对策[J]．油气储运，2014，33(9)：963-966.

[19] 王弢，帅健．管道完整性管理标准及其支持体系[J]．天然气工业，2006，26(11)：126-129.

[20] 董绍华，杨祖佩．全球油气管道完整性技术与管理的最新进展——中国管道完整性管理的发展对策[J]．油气储运，2007，26(2)：1-17.

[21] 黄小美，李百战，彭世尼．燃气管道失效概率评估方法研究[J]．石油学报，2010，31(4)：664-667.

[22] 单克，帅健，张思弘．基于修正因子的油气管道失效概率评估[J]．中国安全科学学报，2016，26(1)：87-93.

[23] 靳书斌，郑洪龙，侯磊，等．高压燃气管道第三方破坏失效概率计算[J]．油气储运，2014，33(5)：510-514..

[24] 张华兵．基于失效库的在役天然气长输管道定量风险评价技术研究[D]．北京：中国地质大学(北京)，2011.

[25] 帅健，许葵．腐蚀管线失效概率的评定方法[J]．石油学报，2003，24(4)：86-89.

[26] 董玉华，周敬恩，高惠临，等．长输管道稳态气体泄漏率的计算[J]．油气储运，2002，21(8)：11-15.

[27] 全国石油天然气标准化技术委员会．油气输送管道完整性管理规范：GB 32167—2015[S]．北京：中国标准出版社，2015.

[28] 党文义，刘昌．压缩气体容器物理爆炸计算模型．大庆石油学院学报，2010(2)：104-107.

[29] 中国市政工程华北设计研究院．城镇燃气设计规范：GB 50028—2006[S]．北京：中国建筑工业出版社，2006.

[30] 单克．基于数据统计及情景模拟的燃气管道定量风险评价方法研究[D]．中国石油大学(北京)，2019.